技能型人才培养实用教材

高等职业院校土木工程"十三五"规划教材

AutoCAD 建筑工程绘图实用教程

主　编　孙　科　刁乾红　刘　颖

主　审　吴全吉

U0205929

西南交通大学出版社

·成　都·

图书在版编目（ＣＩＰ）数据

AutoCAD 建筑工程绘图实用教程／孙科，刁乾红，刘颖主编. 一成都：西南交通大学出版社，2015.8（2023.6重印）

技能型人才培养实用教材　高等职业院校土木工程"十三五"规划教材

ISBN 978-7-5643-4111-4

Ⅰ. ①A… Ⅱ. ①孙… ②刁… ③刘… Ⅲ. ①建筑制图－计算机辅助设计－AutoCAD 软件－高等职业教育－教材 Ⅳ. ①TU204

中国版本图书馆 CIP 数据核字（2015）第 180895 号

技能型人才培养实用教材

高等职业院校土木工程"十三五"规划教材

AutoCAD 建筑工程绘图实用教程

主编　孙科　刁乾红　刘颖

责任编辑	曾荣兵
封面设计	何东琳设计工作室
出版发行	西南交通大学出版社
	（四川省成都市金牛区二环路北一段 111 号
	西南交通大学创新大厦 21 楼）
发行部电话	028-87600564　028-87600533
邮政编码	610031
网　址	http://www.xnjdcbs.com
印　刷	四川森林印务有限责任公司
成品尺寸	185 mm × 260 mm
印　张	12
字　数	298 千
版　次	2015 年 8 月第 1 版
印　次	2023 年 6 月第 3 次
书　号	ISBN 978-7-5643-4111-4
定　价	34.00 元

课件咨询电话：028-81435775

前　言

AutoCAD 具有绘图精度高和速度快，且便于修改，故在建筑设计、装饰设计及施工领域有着广泛的运用。熟练掌握 AutoCAD 绘图软件已经成为对人中专院校学生和建筑业从业人员的基本要求。

本书主要以 AutoCAD 2010 版经典界面为操作对象，介绍 AutoCAD 在建筑工程设计中的主要功能及运用。全书共分为 8 章：第 1～5 章为二维基础操作，主要介绍了 AutoCAD 操作基础、绘图、编辑、文字注释、尺寸标注等；第 6 章为 AutoCAD 建筑施工图的绘制；第 7 章为图形打印与输出；第 8 章为三维知识，主要介绍三维的绘图、编辑与渲染。

本书由重庆机电职业技术学院孙科、刁乾红、刘颖任主编，其中第 1、第 2 章由刘颖编写，第 3、第 4、第 8 章由孙科编写，第 5、第 6、第 7 章由刁乾红编写，全书由重庆大学吴全吉教授主审。本书结合了作者多年的教学经验及设计实践，结构清晰、浅显易懂，较好地突出了软件的难重点，可帮助用户提高对软件的使用和驾驭能力。本书可作为高职高专院校建筑类专业的教材，也可作为软件的入门者和相关行业设计人员的辅导用书。

由于编者水平有限，本书还存在一定的不足，我们将以虚心和诚恳的态度接受广大读者的批评指正。

编　者
2015 年 4 月

目　录

第 1 章 AutoCAD 2010 的安装与设置

知识目标

- 掌握 AutoCAD 2010 的安装方法、基本操作技巧。
- 掌握直角坐标和极坐标的概念。
- 了解 AutoCAD 2010 绘图设置方法。

技能目标

- 能够掌握 AutoCAD 2010 绘图设置方法。
- 能够应用直角坐标和极坐标方法进行绘图。

本章导语

学习 AutoCAD 2010 界面基本操作、直角坐标和极坐标、图层的设置和特征点的捕捉。掌握相对直角坐标和相对极坐标的应用、图层的概念与格式设置及特征点的捕捉设定。

1.1 AutoCAD 2010 的安装

AutoCAD 2010 的安装与运行需要一定的计算机软、硬件环境。

1.1.1 AutoCAD 2010 对系统的要求

AutoCAD 2010 对用户的计算机系统有一些基本要求。

1. 操作系统

推荐采用以下操作系统之一：Windows® XP Home 和 Professional SP2 或更高版本、Microsoft® Windows 7 或更高版本。

2. Web 浏览器

Internet Explorer® 7.0 或更高版本。

3. 处理器

Windows XP - Intel® Pentium® 4 或 AMD Athlon™ Dual Core 处理器，1.6 GHz 或更高，

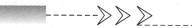

采用 SSE2 技术。

Windows Vista-Intel Pentium 4 或 AMD Athlon Dual Core 处理器，3.0 GHz 或更高，采用 SSE2 技术。

4. 内　存

2GB 内存。

5. 显示器

1024×768VGA 真彩色。

1.1.2　安装 AutoCAD 2010

AutoCAD 2010 的安装非常方便。将 AutoCAD 2010 安装光盘插入光驱后，双击光盘上的安装程序 setup. exe，系统将弹出安装界面。

安装过程中，用户应根据安装向导对各种提示信息给予响应。具体步骤如下：

（1）在"欢迎使用 AutoCAD 2010 安装向导"对话框中，单击"下一步"。

（2）查看所适用国家/地区的"Autodesk 软件许可协议"，必须接受协议才能完成安装。要接受协议，则选择"我接受"，然后单击"下一步"（如果不同意协议的条款，则单击"取消"以取消安装）。

（3）在"序列号"对话框中，输入位于 AutoCAD 产品包装上的序列号，然后单击"下一步"。

（4）在"用户信息"对话框中，输入用户信息（在此输入的信息是永久性的，要确保在此输入正确信息，因为过后将无法对其进行更改，除非删除已安装的产品），然后单击"下一步"。

（5）在"选择安装类型"对话框中，指定所需的安装类型，然后单击"下一步"。

（6）在"目标文件夹"对话框中，可执行下列操作之一。

单击"下一步"，接受默认的目标文件夹。

输入路径或单击"浏览"，指定在其他驱动器和文件夹中安装 AutoCAD，单击"确定"，然后单击"下一步"。

（7）如果希望编辑 LISP、PGP 和 CUS 词典文件等文本文件，可在"选项"对话框中选择要使用的文本编辑器。可以接受默认编辑器，也可以从可用文本编辑器列表中选择，还可以单击"浏览"以定位未列出的文本编辑器。

在"选项"对话框中，还可以选择是否在桌面上显示 AutoCAD 快捷方式图标。默认情况下，产品图标将在桌面上显示；如果不希望显示快捷方式图标，则单击消除此单选按钮的选中状态。然后单击"下一步"。

（8）在"开始安装"对话框中，单击"下一步"，开始安装。

（9）显示"更新系统"对话框，其中显示了安装进度。安装完成后，将显示"AutoCAD2010 安装成功"对话框。在此对话框中，单击"完成"。如果单击"完成"，将打开自述文件。自述文件包含 AutoCAD 2010 文档发布时尚未具备的信息。如果不希望查

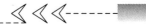

看自述文件，则单击"自述文件"旁边的单选按钮的选中状态。

安装完成后，如有重新启动计算机的提示，则要重新启动计算机后再运行 AutoCAD 程序。接着用户就可以注册产品然后使用此程序了。要注册产品，启动 AutoCAD 并按照屏幕上的说明操作即可。

1.2　AutoCAD 2010 基本操作

本节将介绍 AutoCAD2010 系统的启动与退出、文件操作、AutoCAD 2010 命令输入方法以及图形的查看方法等。

1.2.1　AutoCAD 的启动

在默认情况下，安装完 AutoCAD2010 后将自动在桌面上生成一个快捷方式图标，在"开始"菜单中也有对应的子菜单，执行下面三个操作之一就可以启动 AutoCAD2010。

（1）双击桌面图标。

（2）单击"开始"→"程序"→"AutoCAD 2010"→"ACAD"菜单。

（3）找到 AutoCAD 2010 的可执行文件 ACAD. EXE，直接双击。

启动后的初始界面为"初始设置工作空间"，可以在界面右下角，将"初始设置工作空间"修改为"AutoCAD 经典"工作空间，如图 1-1 所示。

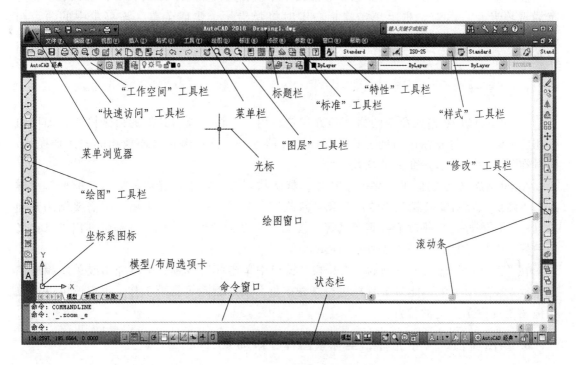

图 1-1　AutoCAD 2010 工作界面

1.2.2　AutoCAD 2010 的界面介绍

AutoCAD 2010 的界面主要由标题栏、菜单栏、各种工具栏、绘图窗口、十字光标、坐标系图标、滚动条、选项卡控制栏、命令窗口、状态栏等组成。在默认设置下，启动 AutoCAD 2010 后还会显示出工具选项板。

1. 标题栏

标题栏位于应用程序窗口的最上面，用于显示当前正在运行的程序名及文件名等信息，如果是 AutoCAD 默认的图形文件，其名称为 Drawing*N*.dwg（*N* 是数字，*N*=1，2，3，…表示第 *N* 个默认图形文件）。单击标题栏右端的 按钮，可以最小化、最大化或关闭程序窗口。标题栏最左边是软件的小图标，单击它将会弹出一个 AutoCAD 窗口控制下拉菜单，可以进行还原、移动、大小、最小化、最大化窗口以及关闭 AutoCAD 窗口等操作。

2. 菜单栏

菜单栏位于标题栏的下方，包括 “文件”、“编辑”、“视图”、“插入”、“格式”、“工具”、“绘图”、“标注”、“修改”、“窗口”和“帮助”11 个主菜单项。单击任一主菜单项，屏幕将弹出其下拉菜单，利用下拉菜单可以执行 AutoCAD 2010 的绝大部分命令。

3. 快捷菜单

快捷菜单又称为上下文关联菜单、弹出菜单。在绘图区域、工具栏、状态栏、模型与布局选项卡及一些对话框上单击鼠标右键时将弹出一个快捷菜单，该菜单中的命令与 AutoCAD 当前状态相关。使用它们可以在不必启用菜单栏的情况下，快速、高效地完成某些操作。

4. 工具栏

AutoCAD 2010 输入命令的另一种方式是利用工具栏，单击其上的命令按钮，即可执行相应的命令。将光标移动到工具栏图标上停留片刻，图标旁边会出现相应的命令提示，同时在状态栏中显示该命令的功能介绍。

AutoCAD 2010 提供了众多的工具栏，默认状态下，其工作界面只显示“标准”、“样式”、“图层”、“对象特性”、“绘图”和“修改”六个工具栏。用户可以根据需要调用其他工具栏，具体方法是通过下拉菜单选择“视图”｜“工具栏”选项，屏幕将弹出“自定义用户界面”对话框，如图 1-2 所示。

在“工具栏”选项卡左侧的“工具栏”窗口中单击相应选项，可以弹出或关闭相应的工具栏。在选项卡中还能对工具栏进行新建、重命名、删除等管理工作。用户还可以用鼠标拖动工具栏至合适的位置。

5. 绘图窗口、十字光标、坐标系图标、滚动条

绘图窗口是用户利用 AutoCAD 2010 绘制图形的区域，类似于手工绘图时的图纸。

图 1-2 "自定义用户界面"对话框

绘图窗口内有一十字光标，随鼠标的移动而移动，其位置不同，形状亦不相同，这样就可以反映不同的操作。它主要用于执行绘图、选择对象等操作。

绘图窗口的左下角是坐标系图标，它主要用来显示当前使用的坐标系及坐标的方向。用户可以将该图标关掉，即不显示它。

滚动条位于绘图窗口的右侧和底边，单击并拖动滚动条，可以使图样沿水平或竖直方向移动。

6. 命令窗口

命令窗口位于绘图窗口的下方，主要用来接受用户输入的命令和显示 AutoCAD 2010 系统的提示信息。默认情况下，命令窗口只显示最后三行所执行的命令或提示信息。若想查看以前输入的命令或提示信息，可以单击命令窗口的上边缘并向上拖动或在键盘上按下 <F2>快捷键，屏幕上将弹出"AutoCAD 文本窗口"对话框。

命令窗口中位于最下面的行称为命令行。执行某一命令的过程中，AutoCAD 2010 要在此行给出提示信息，以提示用户当前应进行的响应。当命令行上只有"命令:"提示时，可通过键盘输入新的 AutoCAD 2010 命令（但在执行某一命令的过程中，单击菜单项或工具栏按钮可中断当前命令的执行，并执行对应的新命令）。

7. 状态栏

状态栏位于 AutoCAD 2010 工作界面的最下边，它主要用来显示当前的绘图状态，如当前十字光标的位置（坐标），绘图时是否打开了正交、栅格捕捉、栅格显示等功能以及当前的绘图空间等。

AutoCAD 2010 还在状态栏上新增加了"通信中心"按钮。利用该按钮，可以通过 Internet 对软件进行升级并获得相关的支持文档。另外，单击位于状态栏最右侧的小箭头，系统将弹出一个菜单，用户可通过该菜单确定要在状态栏上显示的内容。

1.2.3 文件操作

启动 AutoCAD 2010 中文版后，用户可进行新建、打开、保存、输出和关闭图形文件等操作。

1. 新建文件

（1）选择下拉菜单"文件"｜"新建"或者直接单击"标准"工具栏上的 图标按钮，屏幕上将弹出"选择样板"对话框，如图 1-3 所示。

图 1-3 "选择样板"对话框

（2）在"选择样板"对话框中，可执行下列
操作之一。

单击"打开"按钮，会新建一个图形文件，
文件名将显示在标题栏上。单击"打开"按钮右
侧的小三角形符号，将弹出一个选项面板，如图
1-4 所示。

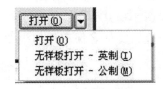

图 1-4　"打开"选项面

各选项含义如下：
① 选择"无样板打开-英制"选项，将新建一个英制的无样板打开的绘图文件。
② 选择"无样板打开-公制"选项，将新建一个公制的无样板打开的绘图文件。
③ 选择"打开"选项，将新建一个有样板打开的绘图文件。

2. 打开文件

通过下拉菜单选择"文件"|"打开"，或者直接单击"标准"工具栏上的 按钮，
打开"选择文件"对话框，如图 1-5 所示。选择需要打开的图形文件，单击"打开"按
钮即可。

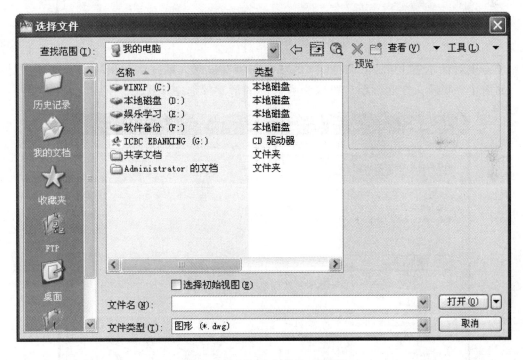

图 1-5　"选择文件"对话框

AutoCAD 2010 支持多图档操作，即同时打开多个图形文件。多图档操作时，可以通过
选择"窗口"下拉菜单中的子命令来控制各图形窗口的排列形式，以及进行窗口之间的切换。

3. 保存文件

通过下拉菜单选择"文件"|"保存"或单击"标准"工具栏上的 按钮，也可以使

用快捷键<Ctrl>+<s>保存图形。如果是第一次存储该图形文件，弹出"图形另存为"对话框，如图 1-6 所示。用户可以将文件命名并保存到想要保存的地方。如果文件已经命名，则直接以原文件名保存。如果要重新命名保存图形，则选择"文件"|"另存为"选项。

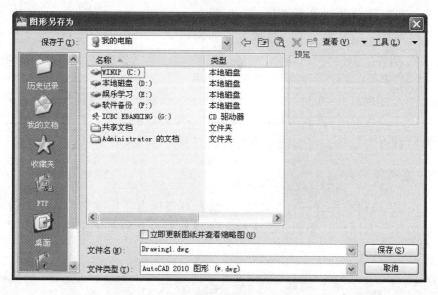

图 1-6　"图形另存为"对话框

单击该对话框右上角的"工具"|"安全选项"按钮，系统将弹出"安全选项"对话框，如图 1-7 所示。在此，用户可以为自己的图形文件加密保护。

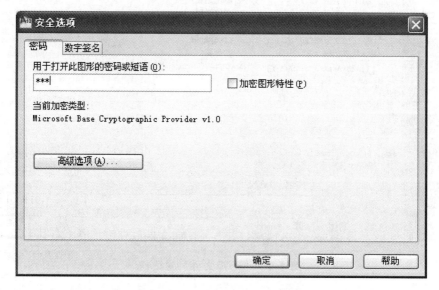

图 1-7　"安全选项"对话框

1.2.4　退出 AutoCAD 2010

用户执行下列操作之一即可退出 AutoCAD 2010：

（1）下拉菜单选择"文件"\"退出"。

（2）单击标题栏上的 × 按钮。

（3）在命令行输入 QUIT 或 EXIT。

退出之前如果未曾存盘，系统会询问用户是否将修改保存。

1.2.5　AutoCAD 2010 命令输入方法

1. 命令输入设备

AutoCAD 2010 支持的输入设备主要有键盘、鼠标和数字化仪等，其中键盘和鼠标最为常用。

键盘主要用于命令行输入，尤其是在输入选项或数据时，一般只能通过键盘输入。键盘在输入命令、选项和数据时，字母的大小写是等效的。输入命令、选项或数据后，必须按<Enter>键，才能执行。一般情况下，空格键等效于<Enter>键。

鼠标主要用于控制光标的移动。在菜单输入和工具栏输入时，只需用鼠标单击即可执行 AutoCAD 2010 的命令。鼠标的左键主要用于击取菜单、单击按钮、选择对象和定位点等，使用频率高。单击鼠标右键可以弹出相应的快捷菜单或相当于按<Enter>键。

2. 命令输入方法

AutoCAD 2010 的命令主要有三种基本的输入方法：命令按钮法、下拉菜单法和键盘输入命令法。

（1）命令按钮法。即通过单击工具栏上的图标按钮执行相应的命令。这种命令输入方法方便、快捷，但需要将待用的工具栏调出。例如，单击"绘图"工具栏上的按钮 ╱ 即可执行画线命令。

（2）下拉菜单法。下拉菜单包括了 AutoCAD 2010 的绝大部分命令，执行方法和其他 Windows 应用软件相同。在用户界面下面的命令输入区可以输入需要令来完成指定的任务。

（3）键盘输入命令法。当命令窗口出现"命令："提示时，用键盘输入命令并按<Enter>键或空格键即可执行命令。AutoCAD 2010 的命令一般采用相应的英语单词表示，以便用户记忆，如 LINE 表示画线，CIRCLE 表示画圆等。另外，为了提高命令的输入速度，AutoCAD 2010 给一些命令规定了别名，如 LINE 命令的别名为 L，CIRCLE 命令的别名为 C 等，输入别名相当于输入命令的全称。输入命令法是最一般的方法，AutoCAD 2010 的所有命令都可通过该方法执行。但它要求用户记住命令名，对初学者来讲比较困难。

除了以上三种基本方法外，对于重新执行上一完成的命令，可以按<Enter>键或空格键，即可执行上一命令。也可以利用<F1>～<F11>功能键来设置某些状态。<Esc>键可以帮助用户尽快脱离错误操作状态。

在 AutoCAD 2010 的诸多命令中，有些命令可以在其他命令的执行过程中插入执行，这样的命令称为透明命令。例如，HELP、ZOOM、PAN、LIMITS 等都属于透明命令。透明命令用键盘输入时要在命令名前输入一个单引号，如"ZOOM"。透明命令也可以通过下拉菜单或工具栏按钮执行，这时不必输入另外的符号。

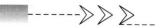

1.2.6 图形查看

在查看或绘制尺寸较大的图形或局部复杂的图形结构时,在屏幕窗口中可能看不到或看不清局部细节,从而使很多操作不方便。AutoCAD 2010 提供的图形显示缩放功能可以解决这个问题。

1. 缩放命令

通过 ZOOM（缩放）命令,用户可以放大或缩小图形,就如同照相机的变焦镜头一样。它能将"镜头"对准图形的任何部分放大或缩小观察对象的视觉尺寸,而保持其实际尺寸不变。

ZOOM 命令大多数情况下可透明执行。ZOOM 命令在命令窗口的执行过程如下:

命令:ZOOM↙（或 z↙,符号"↙"在本书中代表按<Enter>键）

指定窗口角点,输入比例因子（nX 或 nXP）,或[全部（A）/中心点（c）/动态（D）/范围（E）/上一个（P）/比例（s）/窗口（w）]<实时>:

各选项含义如下:

（1）若直接在屏幕上点取窗口的两个对角点,则点取的窗口内的图形将被放大到全屏幕显示。

（2）若直接输入一数值,系统将以此数值为比例因子,按图形实际尺寸大小进行缩放;若在数值后加上"X",系统将根据当前视图进行缩放;若在数值后加上"XP",系统将根据当前的图纸空间进行缩放。

（3）若直接按<Enter>键,系统将进入实时缩放状态。按住鼠标左键向上移动光标,图形随之放大;向下移动光标,图形随之缩小。按<Enter>键或<Esc>键,将退出实时缩放。直接单击工具栏上的 🔍 按钮,具有同样的功能。

（4）其他选项含义如下:

>A——在当前视窗缩放显示整个图形。

>C——缩放显示由中心点和缩放比例（或高度）所定义的窗口。高度值较小时放大图形,较大时缩小图形。

>D——动态调整视图框的大小和位置,将其中的图形平移或缩放,以充满当前视窗。

>E——将整个图形尽可能地放大到全屏幕显示。

>P——恢复显示前一个视图。AutoCAD 2010 中文版最多可以恢复此前的 10 个视图。

>S——以指定的比例因子缩放显示。

>W——用窗口缩放显示,将由两个对角点定义的矩形窗口内的图形放大到全屏幕显示。

2. 平移视图

PAN 命令用于平移视图,以便观察图形的不同部分。PAN 为透明命令,其在命令窗口的执行如下:

命令:PAN↙

执行命令后,光标变成手形,按住鼠标左键移动光标,图形随之移动。

3. 重　画

重画命令用于刷新屏幕显示，以消除屏幕上由于编辑而产生的杂乱信息。重画命令在命令窗口的执行如下：

命令：REDRAWALL↙

重画只刷新屏幕显示，这与数据的重生成不同。

4. 重生成

重生成命令也可以刷新屏幕，但它所用的时间要比重画命令长。这是因为重生成命令除了刷新屏幕外，还要对数据库进行操作，使图形显示更加精确。通常情况下，如果用重画命令刷新屏幕后仍不能正确地反映图形时，应该调用重生成命令。重生成命令在命令窗口的执行如下：

命令：REGEN↙

1.3　AutoCAD 2010 坐标系使用

在绘图过程中常常需要使用某个坐标系作为参照，拾取点的位置，来精确定位某个对象。AutoCAD 提供的坐标系可以用来准确地设计并绘制图形 。

1.3.1　认识坐标系

在 AutoCAD 2010 中，坐标系分为世界坐标系（WCS）和用户坐标系（UCS）。在两种坐标系中，都可以通过坐标（x，y）来精确定位点。

默认情况下，在开始绘制新图形时，当前坐标系为世界坐标系即 WCS，它包括 X 轴和 Y 轴（如果在三维空间工作，还有一个 Z 轴）。WCS 坐标轴的交汇处显示【口】形标记，但坐标原点并不在坐标系的交汇点，而位于图形窗口的左下角，所有的位移都是相对于原点计算的，并且沿 X 轴正向及 Y 轴正向的位移规定为正方向。

1.3.2　坐标的表示方法

在 AutoCAD 2010 中，点的坐标可以使用绝对直角坐标、绝对极坐标、相对直角坐标和相对极坐标 4 种方法表示。它们的特点如下：

绝对直角坐标：从点（0，0）或（0，0，0）出发的位移，可以使用分数、小数或科学记数等形式表示点的 X、Y、Z 坐标值，坐标间用逗号隔开，例如点（8.3，5.8）和（3.0，5.2，8.8）等。

绝对极坐标：从点（0，0）或（0，0，0）出发的位移，但给定的是距离和角度，其中距离和角度用【<】分开，且规定 X 轴正向为 0°，Y 轴正向为 90°，例如点（4.27<60）、（34<30）等。

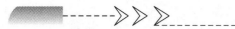

距离和角度：它的表示方法是在绝对坐标表达方式前加上【@】号，如（@-13，8）和（@11<24）。其中，相对极坐标中的角度是新点和上一点连线与 X 轴的夹角。

1.3.3　控制坐标的显示

在绘图窗口中移动光标的十字指针时，状态栏上将动态地显示当前指针的坐标。在 AutoCAD 2010 中，坐标显示取决于所选择的模式和程序中运行的命令。其中，可选择的模式有 3 种：

模式 0,【关】：显示上一个拾取点的绝对坐标。此时，指针坐标将不能动态更新，只有在拾取一个新点时，显示才会更新。但是，从键盘输入一个新点坐标时，不会改变该显示方式。

模式 1,【绝对】：显示光标的绝对坐标，该值是动态更新的，默认情况下，显示方式是打开的。

模式 2,【相对】：显示一个相对极坐标。当选择该方式时，如果当前处在拾取点状态，系统将显示光标所在位置相对于上一个点的距离和角度。当离开拾取点状态时，系统将恢复到模式 1。

1.3.4　创建与使用用户坐标系

在 AutoCAD 2010 中，可以很方便地创建和命名用户坐标系，选择"工具"｜"命名 UCS"命令，弹出 UCS 对话框（见图 1-8）。UCS 详细信息对话框如图 1-9 所示。

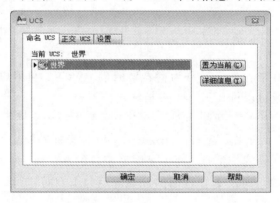

图 1-8　UCS 对话框

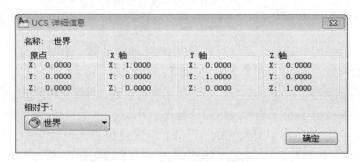

图 1-9　UCS 详细信息对话框

1.3.5　点的输入方法

在 AutoCAD 2010 中，点的输入方式有两种：通过键盘输入点的坐标和在绘图窗口中用光标定点。

1. 直接键入点的坐标

（1）绝对直角坐标。

指定点的 X、Y 坐标确定点的位置，输入格式为"X，Y"。坐标输入时的逗号必须用西文号。在执行命令过程中需要输入该点坐标时，直接从键盘在命令窗口键入：60，55✓，如图 1-10 所示。

（2）绝对极坐标。

指定相对于坐标原点的距离和角度，输入格式为"距离<角度"。其中，角度是从指定点到坐标原点的连线与 X 轴正方向间的夹角。在执行命令过程中需要输入该点坐标时，直接用键盘在命令窗口键入：80＜40✓，如图 1-11 所示。

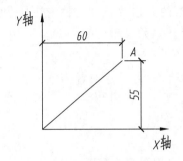

图 1-10　绝对直角坐标

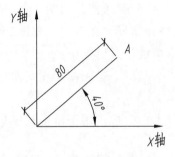

图 1-11　绝对极坐标

（3）相对直角坐标。

指定相对于上一输入点的 X 和 Y 方向的距离（有正负之分）确定点的位置，输入格式为"@X，Y"。如图 1-12 所示，假设画线段 AB 时，A 点作为第一点，当需要输入 B 点时，直接在命令窗口键入：@30，-80✓。

提示：此时用户可假设将坐标系原点移至 A 点来定义 B 点坐标。

（4）相对极坐标。

指定相对于前一输入点的距离和角度，输入格式为"@距离<角度"。其中，角度是从指定点到前一输入点的连线与 X 轴正方向间的夹角。假设画线段 BC 时，以 B 点作为第一输入点，C 点相对于 B 点的相对极坐标在命令窗口的输入形式为：@100<45✓，如图 1-12 所示。

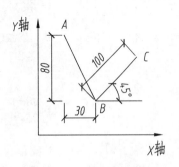

图 1-12　相对极坐标

2. 用光标定点

通过移动鼠标控制光标，当光标到达指定的位置后，单击鼠标左键即可。但是仅仅使用光标定位往往不够精确，

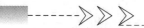
可借助绘图辅助工具帮助定位，从而保证绘图精度。关于绘图辅助工具的使用，将在后续章节中介绍。

1.4 AutoCAD 2010 绘图设置

通常，启动新图后首先要设置适合所画图形的绘图环境。例如图形单位、图形界限、图层、颜色、线型、绘图辅助工具等，完整的绘图环境设置是获得精确绘图结果的基础。

1.4.1 设置图形单位

单位定义了对象是如何计量的，不同的行业通常所用的表示单位不同，因此用户应使用与自己建立的图形相适合的单位类型。选择下拉菜单"格式"\"单位"选项，即可打开"图形单位"对话框，如图 1-13 所示。在对话框的左边"长度"栏中选择所需要的长度单位类型和精度，在右边"角度"栏中设置角度单位类型和精度。

"图形单位"对话框中：

（1）"顺时针"选项用于设定角度的正方向，默认设置是逆时针为正，若需改变，则选中此项。

（2）"方向"按钮用于设置基准角度的方向，系统默认为 0°（向东）方向为起点。

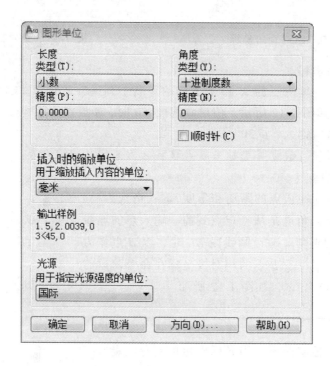

图 1-13 "图形单位"对话框

1.4.2　设置图形界限

图形界限定义了一个虚拟的、不可见的绘图边界。选择下拉菜单"格式"\"图形界限"选项运行 LIMITS 命令即可设置图形界限。LIMITS 命令在命令窗口的执行过程如下：

命令：LIMITS↙

重新设置模型空间界限：

指定左下角点或[开（ON）/关（OFF）]<0.0000,0.0000>：↙（指定一点或输入选项，"<>"符号内的数值为默认值，直接按<Enter>键即使用默认值）

指定右上角点<420.0000，297.0000>：3000，2500↙（指定另一点）

通过指定左下角点和右上角点来设置图形界限。各选项含义如下：

（1）选项"ON"表示打开界限检查，当打开界限检查时，AutoCAD 将会拒绝输入图形界限外部的点。

（2）选项"OFF"表示关闭界限检查，关闭后，对于超出界限的点依然可以画出。

提示 1：在 AutoCAD 2010 中，图形界限的设置不受限制，因此所绘制的图形大小也不受限制，完全可以按 1∶1 的比例来作图，省去了比例变换。可以等图形绘制好后，再按一定的比例输出图形。

提示 2：在绘图实践中，通常左下角用默认值（0，0）图形界限的大小应该设置的略大与图形的绝对尺寸。例如，要绘制一个总体尺寸为 2 000 个绘图单位的工程时，可设置左下角为（0，0）、右上角为（3 000，2 500）来定义图形界限。

注意：在设定图形界限后，绘图区域的大小并没有即时改变，应用 ZOOM 命令可以调整显示范围。执行 ZOOM 命令并选择"ALL"选项可以将 LIMITS 设定的区域全部置于屏幕可视范围内。

1.4.3　图层的使用

图层可以理解为一种没有厚度的透明胶片。在绘制复杂图形时，通常把不同的内容分别布置在不同的图层上，而完整的图形则是各图层的叠加。

AutoCAD 2010 对图层的数量没有限制，原则上在一幅图中可以创建任意多个层；对每个层上所能容纳的图形实体个数也没有限制，用户可以在一个层上绘制任意多对象。各层的图形既彼此独立，又相互联系。用户既可以对整幅图形进行整体处理，又可以对某一层上的图形进行单独操作。每一图层可以有不同于其他图层的线型、颜色和状态，对某一类对象进行操作时，可以关闭、冻结或锁住一些不相关的内容，从而使图面清晰、操作方便。同时，各个图层具有相同的坐标系、绘图界限和缩放比例，各图层间是严格对齐的。

每一图层都有一个层名。0 层是 AutoCAD 2010 自定义的，系统启动后自动进入的就是 0 层。其余的图层要由用户根据需要创建，层名也是用户自己给定。用户不能修改 0 层的层名，也不能删除该层，但可以重新设置它的其他属性。图层的默认颜色为白色，默认线型为实线。

正在使用的图层称为当前层，用户只能在当前层上绘图。用户可以将已建立的任意层设置为当前层，但当前层只能有一个。

可以根据需要将图层设置为打开或关闭。只有打开的图层才能被显示和输出。关闭的图层虽然仍是图形的一部分，但不能显示和输出。

图层可以被冻结或解冻。冻结了的图层除了不能被显示、编辑和输出外，也不能参加重新生成运算。在复杂图形中冻结不需要的层，可以大大加快系统重新生成图形的速度。

图层可以被锁定或解锁。锁定了的图层仍然可见，但不能对其上的实体进行编辑。给图层加锁可以保证该层上的实体不被选中和修改。

图层可以设置成可打印或不可打印。关闭了打印设置的图层即使是可见的，也不能打印输出。

1. 图层的设置

图层的设置，可以单击"图层"工具栏上的 ⚎ 按钮，或通过下拉菜单选择"格式" | "图层"选项，也可以使用命令 LAYER。命令执行后，系统将弹出"图层特性管理器"对话框，如图 1-14 所示。

（1）新建图层。

单击"新建"按钮，列表中出现一个名为 "图层 1"的新图层。该图层的名称被高亮显示，以便用户能够立即为该图层输入一个新的名称。当输入名称后，按 <Enter> 键或在对话框中间空白处单击即可。

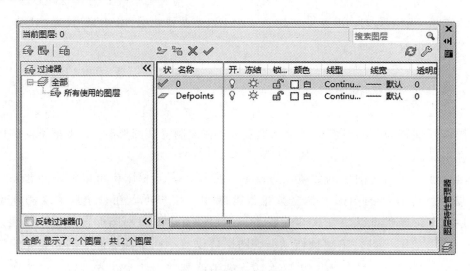

图 1-14 "图层特性管理器"对话框

（2）设置图层特性。

① 设置名称。

如果要重新定义现有图层的名称，则单击要改名的图层名称，然后再单击一次，即可重新输入图层名称。也可以单击"显示细节"按钮，然后选择要修改的图层，在"详细信息"一栏中修改名称，如图 1-15 所示。

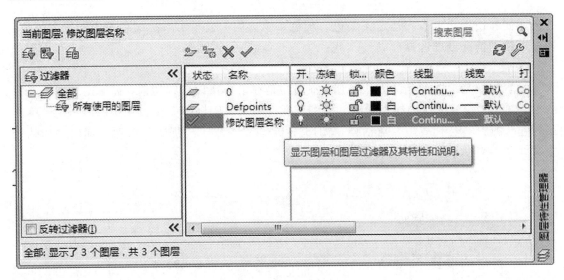

图 1-15 "详细信息"一栏

② 设置颜色。

如果要修改图层的默认颜色设置，则将光标移动到该图层同一排设置中的颜色框上，单击鼠标打开"选择颜色"对话框，如图 1-16 所示。单击想要设置的颜色，然后单击"确定"按钮，返回"图层特性管理器"对话框。

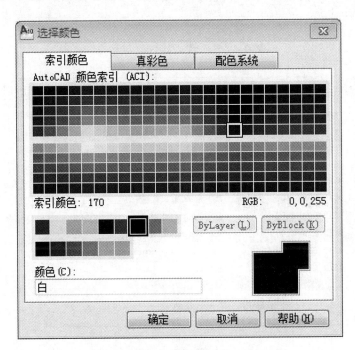

图 1-16 "选择颜色"对话框

AutoCAD 2010 为用户提供了七种标准颜色，即红、黄、绿、青、蓝、品红和白。建议用户尽量采用标准颜色，因为这七种标准颜色区别较大，便于识别。

AutoCAD 2010 还增加了两项新特性：真彩色和配色系统。真彩色选项卡通过对颜色

的描述能够使用户更准确地定义颜色，配色系统选项卡显示了系统颜色库中的所有颜色，用户可根据情况合理选择。

③ 设置线型。

设置线型与设置颜色的方法类似，不同的是在第一次设置线型前，必须先加载所需的线型。如果要改变默认的线型设置，则将光标移动到该图层同一排设置中的线型上，单击鼠标左键打开"选择线型"对话框，如图 1-17 所示。单击"加载"按钮，弹出"加载或重载线型"对话框，如图 1-18 所示。

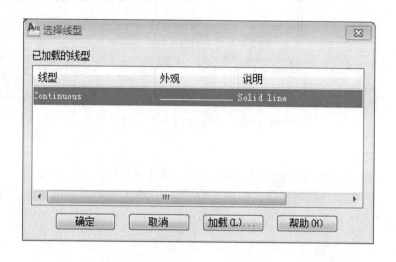

图 1-17　"选择线性"对话框

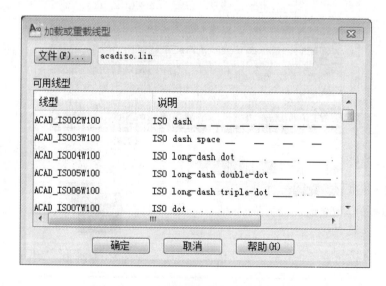

图 1-18　"加载或重载线型"对话框

选择一个或多个需要的线型，单击"确定"回到"选择线型"对话框，接着即可为图层定义线型。

④ 设置线宽。

　　线宽是为打印输出作准备的，此宽度表示在输出对象时绘图仪的笔的宽度。在"图层特性管理器"对话框中单击该图层同一排设置的线宽，屏幕上出现"线宽"对话框，如图1-19所示。从列表中选择一种线宽值，然后单击"确定"按钮，返回"图层特性管理器"对话框。

图 1-19　"线宽"对话框

　　注意：状态栏上的"线宽"按钮用于选择显示或隐藏线宽。
　　⑤ 设置图层状态。
　　创建了图层以后，就可对它及其上的对象状态进行修改。通过"图层"工具栏中的下拉列表可以改变一些图层的状态，其他设置必须在"图层特性管理器"对话框中进行修改。单击指定图层的状态图标，就可以切换图层的状态。例如，要冻结一个图层，单击该图层列表的太阳图标，将其切换为雪花图标，该层即被冻结。
　　（3）设置当前层。
　　在绘图的过程中，用户经常需要改变当前层，以选择将要进行作业的图层。切换当前层可执行下列操作之一：
　　在"图层特性管理器"对话框中的图层列表中选择要使之成为当前层的图层（单击该图层名称），单击"当前"按钮，然后单击"确定"退出，即可把所选图层设置为当前层。
　　在"图层特性管理器"对话框中的图层列表中双击要使之成为当前层的图层名称，然后单击"确定"退出；也可把所选图层设置为当前层。
　　从"图层"工具栏的下拉列表中单击要设置为当前层的图层名称。通过"图层"工具栏上的 按钮改变当前层。
　　（4）删除图层。
　　对于没有图形对象的空层，为了节省存储图形占用的空间，可以将它们删除。在"图层特性管理器"对话框中选择一个或多个要删除的图层，单击"删除"按钮，然后单击"确定"，即可删除所选图层。
　　有些图层是始终都不允许删除的，这些图层包括 0 层、当前层、定义点的图层、包含

图形对象的图层和外部引用的图层等。

有时很难确定哪个图层中没有对象,这时可以使用 AutoCAD 2010 的另一命令(PURGE)。选择"文件"→"图形实用工具"→"清理"菜单项,打开"清理"对话框,如图 1-20 所示。通过该对话框不仅可以删除空图层,还可清除图形文件中其他所有无用的项目。

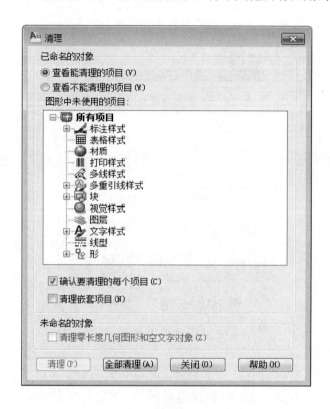

图 1-20 "清理"对话框

2. 对象特性的设置

利用"对象特性"工具栏设置对象特性颜色、线型、线宽和打印样式是图形对象的四个重要特性,默认时为"随层",即继承了它们所在图层的颜色、线型、线宽和打印样式。利用 "对象特性"工具栏,可以快速查看和改变对象的颜色、线型、线宽和打印样式。对象特性被改变后只对后续绘图有效,对已有的图形没有影响,如图 1-21 所示。

图 1-21 "对象特征"工具栏

"格式"下拉菜单中的"颜色"、"线型"、"线宽"和"打印样式"选项分别与"对象特性"工具栏中的相应下拉列表等效。

线型定义一般是由一连串的点、短画线和空格组成的。线型比例因子直接影响着每个绘图单位中线型重复的次数。线型比例因子越小,短画线和空格的长度就越短,于是在每

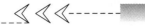

个绘图单位中重复的次数就越多。

　　线型比例分为全局线型比例和对象线型比例两种。全局比例因子将影响所有已经绘制和将要绘制的图形对象。对于每个图形对象，除了受全局线型比例因子的影响外，还受到当前对象的缩放比例因子的影响，对象最终所用的线型比例因子等于全局线型比例因子与当前对象缩放比例因子的乘积。

　　选择下拉菜单"格式"｜"线型"，打开"线型管理器"对话框，单击"显示细节"按钮，在"详细信息"栏中即可设置线型比例，如图 1-22 所示。也可使用 LTSCALE 命令设置全局线型比例。

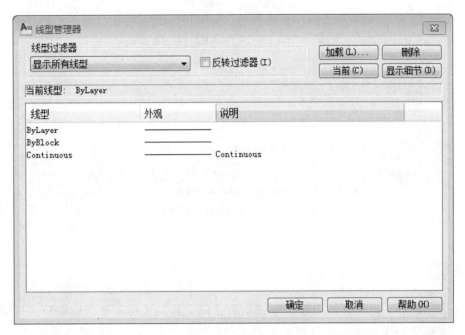

图 1-22　设置线型比例

1.4.4　栅格与捕捉

　　AutoCAD 2010 可在屏幕绘图区内显示类似于坐标纸的可见点阵，称为栅格。通过单击状态栏中的"栅格"按钮或按<F7>键，可以随意显示或隐藏栅格。显示栅格点可有效地判定绘图的方位，确定图形上点的位置。栅格只是一种辅助工具，不会被打印输出。仅凭栅格模式还难以用肉眼控制点的位置，为此 AutoCAD 2010 提供了捕捉模式。利用它就可以在绘图过程中精确地捕捉到栅格点。单击状态栏中的"捕捉"按钮或按<F9>键就可以打开或关闭捕捉模式。

　　通过下拉菜单选择"工具"｜"草图设置"选项，或者在状态栏"栅格"或"捕捉"按钮上单击右键并选择"设置"选项，系统将打开"草图设置"对话框，如图 1-23 所示。在"捕捉和栅格"选项卡中，用户可以对栅格和捕捉特性进行设置。为了既能准确定位，又能看到栅格点，通常将捕捉间距设置为与栅格间距相等或是它的倍数。

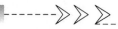

图 1-23 "草图设置"对话框

1.4.5　正交

在正交模式下，光标被约束在水平或垂直方向上移动（相对于当前用户坐标系），方便画水平线和竖直线。单击状态栏上的"正交"按钮或按<F8>键即可打开或关闭正交模式。正交模式不影响从键盘上输入点。

本章小结

本章介绍了与 AutoCAD 2010 相关的一些基本概念和基本操作，其中包括如何安装、启动 AutoCAD 2010；AutoCAD 2010 工作界面的组成及其功能；AutoCAD 命令及其执行方式；图形文件管理，包括新建图形文件、打开已有图形文件、保存图形；用 AutoCAD 2010 绘图时确定点的位置的方法；用 AutoCAD 2010 绘图时的基本设置，如设置图形界限、绘图单位以及系统变量等。最后，介绍了 AutoCAD 2010 的帮助功能。本章介绍的概念和操作非常重要，其中的某些功能在绘图过程中要经常使用（如图形文件管理、确定点的位置以及设置系统变量等），希望读者能够很好地掌握。

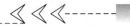

习题与实训

1. 利用 AutoCAD 正式绘图之前需要做哪些准备工作？
2. 绘制如图 1-24 所示的图形。通过该实验，练习坐标的表示方法。

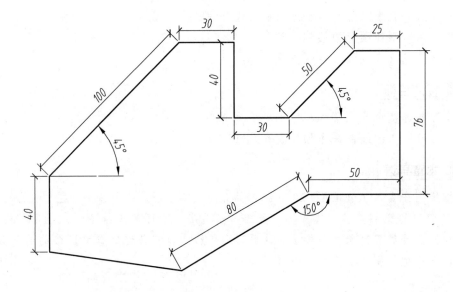

图 1-24 绘图练习

建立一个图层，名字为"实线"，并设置其颜色为黑色、线型为实线；再建立一个图层，名字为"虚线"，并设置其颜色为蓝色、线型为虚线；最后建立一个图层，名字为"点画线"，并设置其颜色为红色、线型为点画线。

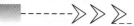

第 2 章　二维绘图命令

▰ 知识目标

- 掌握点、直线、射线和构造线的绘制方法。
- 掌握多边形和圆弧的绘制方法。
- 掌握多线及多段线的绘制方法。

▰ 技能目标

- 能够熟练使用绘图菜单栏下面的常用命令。
- 能够运用二维绘图命令绘制复杂图形。

▰ 本章导语

二维绘图命令是 AutoCAD 2010 绘图的基础。二维图形比较简单，在中文版 AutoCAD 2010 中不仅可以绘制点、直线、圆、圆弧、多边形、圆环等二维图形，还可以绘制多线、多段线和样条曲线等高级图形对象。因此，只有熟练地掌握这些二维图形的绘制方法和技巧，才能更好地绘制出复杂的工程图。

2.1　绘制二维图形的方法

为了满足不同用户的需要，体现绘图的灵活性、方便性，中文版 AutoCAD 2010 提供了多种方法来实现相同的功能。常用的绘图方法有四种：使用绘图选项卡、绘图菜单、命令行输入命令、动态输入。

2.1.1　使用【绘图】选项卡

【绘图】选项卡的每个工具按钮都对应于【绘图】菜单中的绘图命令，用户可以直接单击便可执行相应的命令，如图 2-1 所示。也可以在绘图界面右下角将"初始设置工作空间"修改为"AutoCAD"经典工作空间，在绘图工具条中进行选择，本书将以 AutoCAD 经典工作空间进行介绍。

2.1.2　使用【绘图】菜单

绘图菜单是绘制图形最基本、最常用的方法，如图 2-2 所示。【绘图】菜单中包含了中文版 AutoCAD 2010 中大部分绘图命令，用户可以选择菜单中的命令或子命令，绘制相应图形。

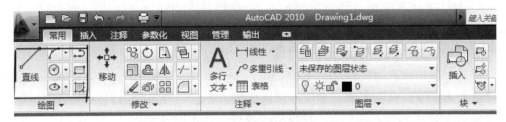

图 2-1　绘图选项卡

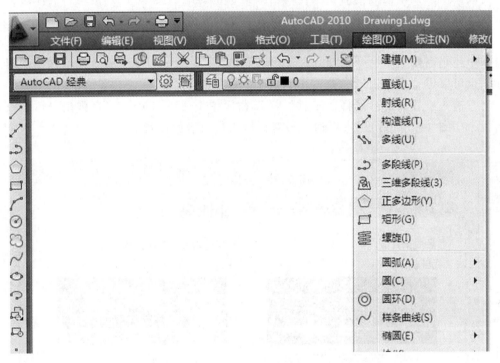

图 2-2　绘图菜单

2.1.3　使用绘图命令

在命令提示行后输入绘图命令，按 Enter 键，可根据提示行的提示信息进行绘图操作。这种方法快捷、准确性高，但需要掌握绘图命令及其选项的具体功能，图 2-3 为输入直线命令 Line 后的情形。

图 2-3　使用【Line】命令绘制直线

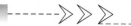

2.1.4　动态输入

　　"动态输入"在光标附近提供了一个命令界面,以帮助用户专注于绘图区域。打开动态输入时,工具提示将在光标旁边显示信息,该信息会随光标移动动态更新。当某命令处于活动状态时,工具提示将为用户提供输入的位置。

　　在输入字段中输入值并按 Tab 键后,该字段将显示一个锁定图标,并且光标会受用户输入的值约束。随后可以在第二个输入字段中输入值。另外,如果用户输入值后按 Enter键,则第二个输入字段将被忽略,且该值将被视为直接距离输入。

　　完成命令或使用夹点所需的动作与命令提示中的动作类似,区别是用户的注意力可以保持在光标附近。

　　动态输入不会取代命令窗口。用户可以隐藏命令窗口以增加绘图屏幕区域,但是在有些操作中还是需要显示命令窗口。按 F2 键可根据需要隐藏和显示命令提示和错误消息。另外,也可以浮动命令窗口,并使用"自动隐藏"功能来展开或卷起该窗口。

　　动态输入设置如下:选择"工具"|"草图设置"命令,AutoCAD 弹出"草图设置"对话框,如图 2-4 所示。用户可通过该对话框进行对应的设置。

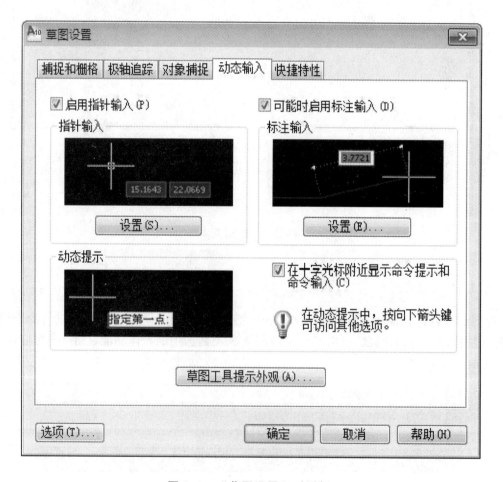

图 2-4　"草图设置"对话框

2.2　点和线的绘制

在 AutoCAD 2010 中，点对象有单点、多点、定数等分和定居等分，用户根据需要可以绘制各种类型的点。作为节点或参照几何图形的点对象对于对象捕捉和相对偏移非常有用。可以相对于屏幕或使用绝对单位设置点的样式和大小。修改点的样式，使它们有更好的可见性并更容易地与栅格点区分开，可影响图形中所有点对象的显示。图形由对象组成，直线、射线和构造线是最简单的一组线形对象，是最基本的绘图命令，基本上所有的绘图都要用到这些线的命令。

2.2.1　绘制单点和多点

1. 操作方法

执行绘制点的途径有三种：

（1）单击【快速访问工具栏】→【显示菜单栏】→【绘图】→【点】→【单点】，可以在绘图窗口中一次指定一个点。

（2）在功能区单击【常用】→【绘图】→【多点】按钮，可以在绘图窗口中一次指定多个点。

（3）在命令行中输入命令：【point】。

2. 调整点的形式和大小

调整点的形式和大小的方法如下：

（1）单击【格式】→【点样式】，弹出一个点样式对话框，如图 2-5 所示；

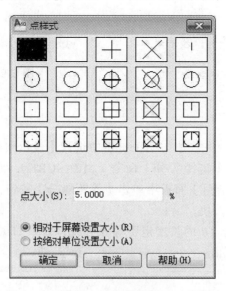

图 2-5　设置点的样式

（2）在该对话框中，用户可以选择所需要的点的样式；

（3）在点大小栏内调整点的大小。

3. 定数等分

指将点对象沿对象的长度或周长等间隔排列。

在 AutoCAD 2010 中，在快速访问工具栏中选择【显示菜单】命令，在弹出的菜单中选择【绘图】→【点】→【定数等分】命令（DIVIDE），或在【功能区】选项板中选择【常用】选项卡，在【绘图】面板中单击【等数等分】按钮，都可以在指定的对象上绘制等分点或在等分点处插入块。在使用该命令时应注意以下两点：

（1）因为输入的是等分数，而不是放置点的个数，所以如果将所选对象分成 N 份，则实际上只生成 $N-1$ 个点。另外，利用"块（B）"选项可以在等分点处插入块。

（2）每次只能对一个对象操作，而不能对一组对象操作。

如在图 2-6 的基础上绘制如图 2-7 所示的线段图：

图 2-6　原始图形 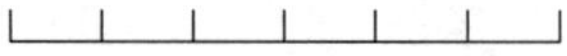　　　　　　　　　　图 2-7　绘制线段图

（1）在【功能区】选项板中选择【常用】选项卡，在【绘图】面板中单击【定数等分】按钮，发出 DIVIDE 命令。

（2）在命令行的【选择要定数等分的对象：】提示下，拾取直线作为要等分的对象。

（3）在命令行的【输入线段数目或[块（B）]：】提示下，输入等分段数 6，然后按 Enter 键，等分结果如图 2-8 所示。

（4）在【功能区】选项板中选择【常用】选项卡，在【绘图】面板中单击【定数等分】按钮，发出 PONIT 命令。

（5）在命令行的【指定点：】提示下，用鼠标指针在屏幕上点击直线的起点和终点，效果如图 2-9 所示。

图 2-8　等分直线 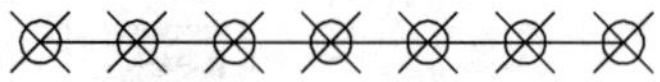　　　　　　　　　　图 2-9　绘制多点

4. 定距等分

在 AutoCAD 2010 中，在快速访问工具栏中选择【显示菜单】命令，在弹出的菜单中选择【绘图】→【点】→【定距等分】命令（MEASURE），或在【功能区】选项板中选择【常用】选项卡，在【绘图】面板中单击【等距等分】按钮，都可以在指定的对象上绘制等分点或在等分点处插入块。

例如，在图 2-10 中按 *AB* 的长度定距等分直线，效果如图 2-11 所示。

图 2-10　原始图形 　　　　　　　　图 2-11　定距等分对象绘制线段图

（1）在命令行中输入 PDMODE，将其设置为 4，修改点的样式。

（2）在【功能区】选项板中选择【常用】选项卡，在【绘图】面板中单击【定距等分】按钮，发出 MEASURE 命令。

（3）在命令行的【选择要定距等分的对象：】提示下，拾取直线作为要等分的对象。

（4）在命令行的【指定线段长度或[块（B）]】：提示下，分别拾取点 *A* 和点 *B*。

2.2.2　绘制直线

直线是各种位图中最常用、最简单的一类图形对象，只要指定了起点和终点即可绘制一条直线。可以指定直线的特性，包括颜色、线型和线宽。在 AutoCAD 2010 中，图元是最小的图形元素，它不能再被分解。一条图线由若干个图元组成。

1. 操作途径

点的绘制直线的途径有以下三种：

（1）单击【快速访问工具栏】→【显示菜单栏】→【绘图】→【直线】；

（2）在功能区选项板中单击【常用】→【绘图】→【直线】按钮；

（3）在命令行中输入命令：【line】。

2. 操作方法

单击"绘图"工具栏上的（直线）按钮，或选择"绘图"|"直线"命令，即执行 LINE 命令，AutoCAD 提示：

第一点：（确定直线段的起始点）；

指定下一点或[放弃（U）]：（确定直线段的另一端点位置，或执行"放弃（U）"选项重新确定起始点）；

指定下一点或[放弃（U）]：（可直接按 Enter 键或 Space 键结束命令，或确定直线段的另一端点位置，或执行"放弃（U）"选项取消前一次操作）；

指定下一点或[闭合（C）/放弃（U）]：（可直接按 Enter 键或 Space 键结束命令，或确定直线段的另一端点位置，或执行"放弃（U）"选项取消前一次操作，或执行"闭合（C）"选项创建封闭多边形）；

指定下一点或[闭合（C）/放弃（U）]：↙（也可以继续确定端点位置、执行"放弃（U）"选项、执行"闭合（C）"选项。

执行结果：AutoCAD 绘制出连接相邻点的一系列直线段。

用 LINE 命令绘制出的一系列直线段中的每一条线段均是独立的对象。

3. 应用提高

（1）在响应【下一点】时，若输入【U】或者右键选择【放弃】命令，则取消刚刚画出的线段。连续输入【U】并回车，即可取消响应的线段。

（2）在命令行的【命令】提示下输入【U】，则取消刚执行的命令。

（3）在相应【下一点】时若输入【C】或选择快捷菜单中的【闭合】命令，可以使画出的折现封闭并结束操作。也可直接输入长度值，绘制出定长的直线段。

（4）若要画水平线和铅垂线，可按下 F8 进入正交模式。

（5）若要准确画线到某一特定点，可用对象捕捉工具。

（6）利用 F6 切换坐标形式，便于确定线段的长度和角度。

（7）从命令行中输入命令时，可输入快捷键，例如 LINE 命令，从键盘输入 L 即可。

（8）若要绘制带宽度信息的直线，可以依次单击【常用】→【特性】→【线宽】。

4. 应用举例

利用 AutoCAD 2010 的直线命令，完成图 2-12 所示矩形的绘制。

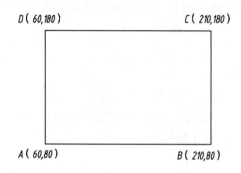

图 2-12　直线的绘制

采用"动态输入"（如果使用命令窗口输入，只需在相对坐标前输入"@"、在绝对坐标前去掉"#"即可），命令窗口的键盘操作如下：

【命令】：L（回车确认）

【指定第一点】：#60，80✓

【指定下一点或[放弃（U）]】：#210，80✓

【指定下一点或[放弃（U）]】：#210，180✓

【指定下一点或[闭合（C）或放弃（U）]】：#60，180✓

【指定下一点或[闭合（C）或放弃（U）]】：C✓

2.2.3　绘制射线

在建筑工程图的绘制过程中，利用参照线能够很方便地实现基本图形的定位。射线命令的作用是绘制图形定位的参照线，用来创建只有共同起点、不同过点、没有终点的绘图参照线。

1. 操作途径

执行的绘制射线的途径有以下三种：

（1）依次单击【快速访问工具栏】→【显示菜单栏】→【绘图】→【射线】；

（2）在功能区选项板中依次单击【常用】→【绘图】→【射线】按钮；

（3）在命令行输入命令：【ray】。

2. 操作方法

绘制沿单方向无限长的直线。射线一般用作辅助线。

选择"绘图"|"射线"命令，即执行 RAY 命令，AutoCAD 提示：

指定起点：（确定射线的起始点位置）

指定通过点：（确定射线通过的任一点。确定后 AutoCAD 绘制出过起点与该点的射线）

指定通过点：✓（也可以继续指定通过点，绘制过同一起始点的一系列射线。

2.2.4　绘制构造线

构造线是指在两个方向上无限延长的直线。构造线主要用作绘图时的辅助线。当绘制多视图时，为了保持投影联系，可先画出若干条构造线，再以构造线为基准画图。

1. 操作途径

执行的绘制构造线的途径有以下三种：

（1）单击【快速访问工具栏】→【显示菜单栏】→【绘图】→【构造线】；

（2）在功能区选项板中单击【常用】→【绘图】→【构造线】按钮；

（3）在命令行中输入命令：【xline】。

2. 操作方法

【命令】：XL

【指定点或[水平（H）/垂直（V）/角度（A）/二等分（B）/偏移（O）]】：汇交通过点的坐标

【通过点】：绘图参照线通过点坐标

　　　　⋮

【通过点】：绘图参照线通过点坐标

【通过点】：

操作选项说明：

水平（H）：创建一条通过选定点的水平参照线。

垂直（V）：创建一条通过选定点的垂直参照线。

角度（A）：以指定的角度创建一条参照线。

二等分（B）：创建一条参照线，它经过选定的角顶点，并且将选定的两条线之间的夹角平分。

偏移（O）：创建平行于另一个对象的参照线。

3. 应用举例

利用 AutoCAD 2010 的构造线命令，完成图 2-13 所示参照线图形的绘制。

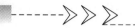

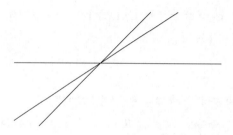

图 2-13　构造线的绘制

命令窗口的键盘操作如下：

【命令】：XL↙

【指定点或[水平（H）/垂直（V）/角度（A）/二等分（B）/便宜（O）]】：60，80↙

【通过点】：210，80↙

【通过点】：210，180↙

【通过点】：60，180↙

【通过点】：↙

2.3　多边形的绘制

2.3.1　绘制矩形

用户可直接绘制矩形，也可以对矩形倒角或倒圆角，还可以改变矩形的线宽。

1．操作途径

执行绘制矩形的途径有以下三种：

（1）单击【快速访问工具栏】→【显示菜单栏】→【绘图】→【矩形】；

（2）在功能区选项板中单击【常用】→【绘图】→【矩形】按钮；

（3）在命令行中输入命令：【RECLANG】。

2．操作方法

执行绘制矩形命令后，系统提示：

指定第一角点或[倒角（C）/标高（E）/圆角（F）/厚度（T）/宽度（W）]：

（1）第一角点：

该选项用于确定矩形的第一角点。执行该选项后，输入另一角点，即可直接绘制一个矩形，如图 2-14（a）所示。

（2）倒角（C）：

该选项用于确定矩形的倒角。图 2-14（b）是带倒角的矩形。

（3）圆角（F）：

该选项用于确定矩形的圆角。图 2-14（c）是带圆角的矩形。

（4）宽度（W）：

该选项用于确定矩形的线宽。图2-14（d）是具有宽度信息的矩形。

说明：选项标高（E）和厚度（T）分别用于在三维绘图时设置矩形的基面位置和高度。

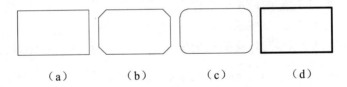

（a） （b） （c） （d）

图2-14 使用"矩形"命令绘制的图形

2.3.2 绘制正多边形

创建正多边形是绘制正方形、等边三角形和八边形等图形的简单方法。在AutoCAD2010中可以绘制边数为3～1024的正多边形。

1. 操作途径

执行绘制正多边形的途径有以下三种：

（1）单击【快速访问工具栏】→【显示菜单栏】→【绘图】→【正多边形】；

（2）在功能区选项板中单击【常用】→【绘图】→【正多边形】按钮；

（3）在命令行中输入命令：【POLYGON】。

2. 操作方法

执行绘制正多边形命令后，系统提示：

输入边的数目<4>：（输入正多边形的边数）

指定正多边形的中心点或[边（E）]：

（1）边（E）：

执行该选项后，输入边的第一个端点和第二个端点，即可由边数和一条边确定正多边形，如图2-15（a）所示。

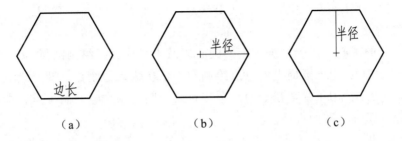

（a） （b） （c）

图2-15 使用"多边形"命令绘制的图形

（2）正多边形的中心点：

执行该选项，系统提示：

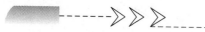

输入选项[于圆（T）/外切于圆（C）]<I>:

① 选择 I 是根据多边形的外接圆确定多边形，多边形的顶点均位于假设圆的弧上，需要指定边数和半径，如图 2-15（b）所示。

② 选择 C 是根据多边形的内接圆确定多边形，多边形的各边与假设圆相切，需要指定边数和半径，如图 2-15（c）所示。

在利用这两个选项绘图时，外接圆和内接圆是不出现的，只显示代表圆半径的直线段。

2.4 曲线对象的绘制

在中文版 AutoCAD2010 中，圆和圆弧的绘制方法相对线性对象来说要复杂一点，并且方法也比较多。

2.4.1 绘制圆

AutoCAD2010 提供了 6 种画圆方式，用户可根据不同需要选择不同的方法。

1. 操作途径

执行绘制圆的途径有以下三种：

（1）单击【快速访问工具栏】→【显示菜单栏】→【绘图】→【圆】；

（2）在功能区选项板中单击【常用】→【绘图】→【圆】按钮；

（3）在命令行中输入命令：【CIRCLE】。

2. 操作方法

执行画圆命令，命令行显示如下：

指定圆的圆心或[三点（3P）/两点（2P）/相切、相切、半径（T）]:

各选项含义：

（1）指定圆的圆心：用于根据指定的圆心以及半径或直径绘制圆弧。

（2）三点（3P）：用于圆周上的三点绘制圆。依次输入三个点，即可绘制出一个圆。

（3）两点（3P）：用于圆直径上的两个端点绘制圆。依次输入两个点，即可绘制出一个圆，两点间的距离为圆的直径。

（4）相切、相切、半径（T）：用于绘制与已有两对象相切，且半径为给定值的圆。

（5）相切、相切、相切：通过依次指定圆的 3 个对象来绘制圆。

3. 应用提高

（1）相切对象可以是直线、圆、圆弧、椭圆等图线，这种绘制圆的方式在圆弧连接中

经常使用。

（2）用户在命令提示后输入半径或者直径时，如果所输入的值无效，如英文字母、负值等，系统将显示"需要数值距离或第二点"、"值必须为正且非零"等信息，并提示用户重新输入值，或者退出该命令。

（3）使用"相切、相切、半径"命令时，系统总是在距拾取点最近的部位绘制相切的圆。因此，拾取相切对象时，所拾取的位置不同，最后得到的结果可能也不相同。

2.4.2 绘制圆弧

AutoCAD 2010 提供了 11 种画圆弧的方法，用户可根据不同的情况选择不同的方式。

1. 执行途径

执行绘制圆弧的途径有以下三种：
（1）单击【快速访问工具栏】→【显示菜单栏】→【绘图】→【圆弧】；
（2）在功能区选项板中单击【常用】→【绘图】→【圆弧】按钮；
（3）在命令行中输入命令：【ARC】。

2. 操作方法

从绘图菜单中执行画圆弧命令最为直观，圆弧绘制菜单如图 2-16 所示，由此可以看

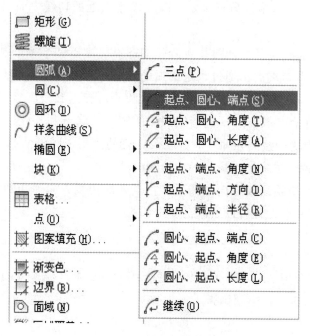

图 2-16　【圆弧】菜单

出画圆弧的方式有 11 种。要绘制圆弧，可以指定圆心、端点、起点、半径、角度、弦长和方向值的各种组合形式，可以使用多种方法创建圆弧。除第一种方法外，其他方法

都是从起点到端点逆时针绘制圆弧。

（1）三点：通过给定的 3 个点绘制一个圆弧，此时应指定圆弧的起点、通过的第 2 个点和端点。

（2）起点、圆心、端点：通过指定圆弧的起点、圆心和端点绘制圆弧。

（3）起点、圆心、角度：通过指定圆弧的起点、圆心和角度绘制圆弧。

使用"起点、圆心、角度"命令绘制圆弧时，在命令行的"指定包含角："提示下，所输入角度值的正负将影响到圆弧的绘制方向。如果当前环境设置逆时针为角度方向，若输入正的角度值，则所绘制的圆弧是从起始点沿逆时针方向绘出；如果输入负的角度值，则沿顺时针方向绘制圆弧。

（4）起点、圆心、长度：通过指定圆弧的起点、圆心和弦长绘制圆弧。

使用该命令时，用户所给定的弦长不得超过起点到圆心距离的两倍。另外，在命令行的"指定弦长："提示下，所输入的值如果为负值，则该值的绝对值作为对应的整圆空缺部分圆弧的弦长。

（5）起点、端点、角度：通过指定圆弧的起点、端点和角度绘制圆弧。

（6）起点、端点、方向：通过指定圆弧的起点、端点和方向绘制圆弧。

使用该命令时，当命令行提示"指定圆弧的起点切向："时，可以通过拖动鼠标的方式动态地确定圆弧在起始点处的切线方向与水平方向的夹角。方法是：拖动鼠标，AutoCAD2010 会在当前光标与圆弧起始点之间形成一条橡皮筋线，此橡皮筋线即为圆弧在起始点处的切线。通过拖动鼠标确定圆弧在起始点处的切线方向后单击鼠标拾取键，即可得到相应的圆弧。

（7）起点、端点、半径：通过指定圆弧的起点、端点和半径绘制圆弧。

（8）圆心、起点、端点：通过指定圆弧的圆心、起点和端点绘制圆弧。

（9）圆心、起点、角度：通过指定圆弧的圆心、起点和角度绘制圆弧。

（10）圆心、起点、长度：通过指定圆弧的圆心、起点和长度绘制圆弧。

（11）继续：当执行绘圆弧命令，并在命令行的"指定圆弧的起点或[圆心（C）]"提示下直接按 Enter 键，系统将以最后一次绘制的线段或圆弧过程中确定的最后一点作为新圆弧的起点，以最后所绘线段方向或圆弧终止点处的切线方向为新圆弧在起始点处的切线方向，然后再指定一点，就可以绘制出一个圆弧。

3. 应用提高

有些圆弧不适合用 Arc 命令绘制，而适合用 Circle 命令结合 TRIM（修剪）命令生成；AutoCAD2010 采用逆时针绘制圆弧。

2.4.3　绘制椭圆

AutoCAD2010 提供了三种方式用于绘制精确的椭圆：

1. 执行途径

执行绘制椭圆的途径有以下三种：

（1）单击【快速访问工具栏】→【显示菜单栏】→【绘图】→【椭圆】；

（2）在功能区选项板中单击【常用】→【绘图】→【椭圆】按钮；

（3）在命令行中输入命令：【ELLIPSE】。

2. 操作方法

执行画椭圆命令，系统提示如下：

指定椭圆的轴端点或[圆弧（A）/中心点（C）]:

中心点（C）：执行该选项，根据系统提示，先确定椭圆中心、轴的端点，再输入另一半轴距（或输入 R 后再输入旋转角）绘制椭圆。

圆弧（A）：执行该选项，绘制椭圆弧。

各选项含义：

（1）指定椭圆的轴端点：用于根据一轴上的两个端点位置等绘制椭圆。

（2）中心点：用于根据指定的椭圆中心点等绘制椭圆。"圆弧"选项用于绘制椭圆弧。

3. 应用提高

（1）选择绘图/椭圆/中心点命令，可以通过指定椭圆中心、一个轴的端点（主轴）以及另一个轴的半轴长度绘制椭圆。

（2）选择绘图/椭圆/轴、端点命令，可以通过指定一个轴的两个端点（主轴）和另一个轴的半轴长度绘制椭圆。

（3）圆在正等侧轴测图中投影为椭圆。在绘制正等测轴测图中的椭圆时，应先打开等轴测平面，然后绘制椭圆。

2.4.4 绘制椭圆弧

1. 执行途径

执行绘制椭圆弧的途径有以下三种：

（1）单击【快速访问工具栏】→【显示菜单栏】→【绘图】→【椭圆弧】；

（2）在功能区选项板中单击【常用】→【绘图】→【椭圆弧】按钮；

（3）在命令行中输入命令：【ELLIPSE】。

2. 操作方法

椭圆弧的操作与绘制椭圆相同，先确定椭圆的形状，再按起始角和终止角参数绘制椭圆弧。

2.5 多线的绘制与应用

2.5.1 绘制多线

多线由 1 ～ 16 条平行线组成，这些平行线称为元素。在绘制多线前应该对多线样式先进行定义，然后用定义的样式绘制多线。通过指定每个元素与多线原点的偏移量可以确定元素的位置。用户可以自己创建和保存多线的样式。用户可以设置每个元素的颜色、线型，以及显示或隐藏多线的接头。所谓接头，就是指那些出现在多线元素每个顶点处的线条。

1. 定义多线的样式

定义多线样式的步骤如下：

（1）选择【快速访问工具栏】→【显示菜单栏】→【格式】→【多线样式】命令，弹出一个"多线样式"对话框，如图 2-17 所示。

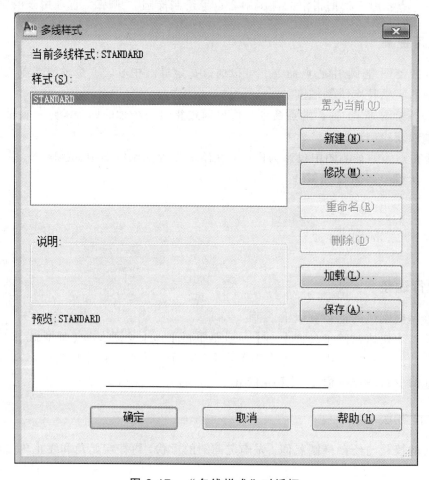

图 2-17 "多线样式"对话框

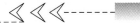

（2）点击"新建"按钮，弹出"创建多线样式"对话框。在新样式名称栏内输入名称，例如"墙体"，如图 2-18 所示。

图 2-18　"创建新的多线样式"对话框

（3）点击"继续"按钮，弹出"新建多线样式"对话框，如图 2-19 所示。

（4）在"封口"选项区域，确定多线的封口形式、填充和显示连接。

（5）在"元素"选项区域，点取"添加"按钮，在元素栏内添加一个元素。

（6）在"偏移"栏内可以设置新增元素的偏移量。

（7）分别利用"颜色"、"线型"按钮设置新增元素的颜色和线型。

（8）点取"确定"按钮，返回到"多线样式"对话框。

（9）点取"置为当前"按钮，最后点击"确定"按钮，完成定义多线样式。

图 2-19　墙体多线样式

2. 操作途径

（1）执行【快速访问工具栏】→【显示菜单栏】→【绘图】→【多线】命令。

（2）在命令行中输入命令：【MLINE】。

3. 操作方法

在命令行输入命令：【MLINE】，系统提示如下：

指定起点或[对正（J）/比例（S）/样式（ST）]：

单击鼠标或从键盘输入起点的坐标，以指定起点。移动鼠标并单击，即可指定下一点，同时画出一段多线。图 2-20 即是利用多线绘制的图形。

执行"多线段"命令后，在命令行显示出四个选项。各选项的含义如下：

（1）指定起点：用当前多行样式绘制到指定起点的多行线段，然后继续提示输入点。

（2）对正（J）：确定如何在指定的点之间绘制多行线段。

（3）比例（S）：控制多行的全局宽度。该比例不影响线型比例。这个比例基于在多行样式定义中建立的宽度。比例因子为 2 绘制多行时，其宽度是样式定义的宽度的两倍。负比例因子将翻转偏移线的次序：当从左至右绘制多行时，偏移最小的多行绘制在顶部。负比例因子的绝对值也会影响比例。比例因子为 0 将使多行变为单一的直线。直线封口、外弧封口、内弧封口、不显示连接与显示连接对比，如图 2-20 所示。

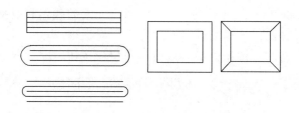

图 2-20

（4）样式（ST）：该选项为绘制多线提供需要所使用的多线样式，缺省样式为 STANDARD。执行此命令后，系统显示为"输入多行样式名或[?]"。输入"定义过的样式名称或输入?""显示"已有的多线样式。

CAD 系统设置了基本的多线，用户可以按照绘制直线的方法，使用系统能默认的多线绘制需要的图形，此时多线的对正方式为上，平行线间距为 20，默认比例为 1，样式为 STANDARD。

2.5.2 编辑多线

1. 操作途径

（1）执行【快速访问工具栏】→【显示菜单栏】→【修改】→【对象】→【多线】。

（2）在命令行中输入命令：【MLEDIT】。

2. 操作方法

在命令行输入命令【MLEDIT】后，弹出了一个"多线编辑工具"对话框，如图 2-21

所示，编辑多线主要通过该框进行。对话框中的各个图标形象地反映了 MLEDIT 命令的功能。

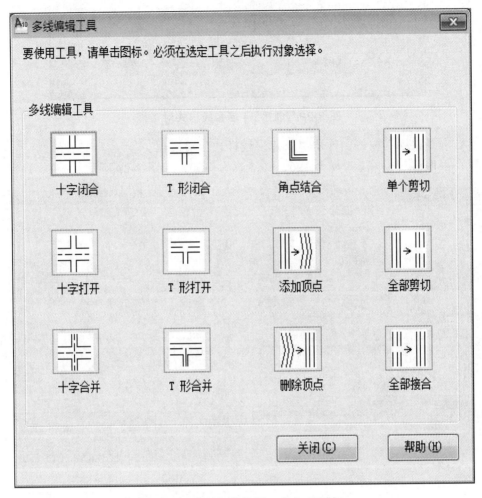

图 2-21 "多线编辑工具"对话框

选择多线的编辑方式后，命令行提示如下：

选择第一条多线：指定要剪切的多线的保留部分。

选择第二条多线：指定剪切部分的边界线。

2.5.3 多线的绘制和编辑应用举例

以 24 墙为例，介绍多线的绘制和编辑。操作方法如下：

（1）定义 24 墙多线样式。

① 选择【快速访问工具栏】→【显示菜单栏】→【格式】→【多线样式】命令。

② 点取【新建】按钮，弹出【创建多线新样式】对话框。在新样式名称栏内输入名称"24 墙"，如图 2-22 所示。

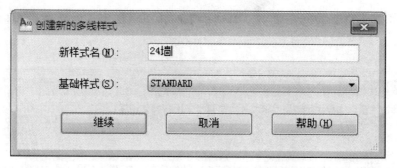

图 2-22　创建 24 墙多线样式对话框

③ 点击"继续"按钮，弹出"新建多线样式"对话框。

④ 在"偏移"栏内 0.5 改为 120，-0.5 改为-120，如图 2-23 所示。

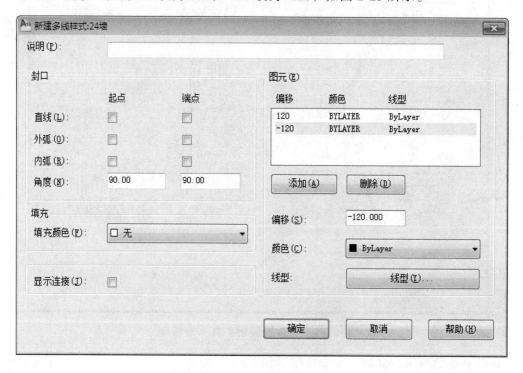

图 2-23　24 墙多线样式设置

⑤ 点击"确定"按钮，退出【多线样式】对话框。

（2）执行【直线】和【偏移】命令绘制轴线，如图 2-24 所示。

（3）使用定义的"24 墙"多线的样式，中心对齐方式和 100 比例大小绘制多线。

① 执行【MLINE】命令，系统提示如下：

指定起点或[对正（J）/比例（S）/样式（ST）]：输入 J，回车

输入 Z，回车。

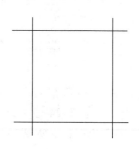

图 2-24　轴线绘制

② 系统提示如下：

指定起点或[对正（J）/比例（S）/样式（ST）]：输入 S，回车

输入 100，回车。

③ 系统提示如下：

指定起点或[对正（J）/比例（S）/样式（ST）]：输入 ST，回车

输入"24 墙"，回车。

④ 指定多线起点，下一点。绘制多线，如图 2-25 所示。

（4）执行【快速访问工具栏】→【显示菜单栏】→【修改】→【对象】→【多线】，出现"多线编辑工具"对话框，选择"T 形打开"，关闭对话框。

选择多线的编辑方式后，命令行提示：

选择第一条多线：指定横线的中部。

选择第二条多线：指定左边的竖线。

修改结果如图 2-26 所示。

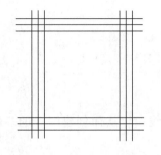
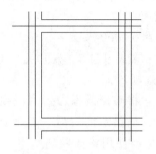

图 2-25　多线绘制　　　　　图 2-26　多线编辑 1

（5）执行【快速访问工具栏】→【显示菜单栏】→【修改】→【对象】→【多线】，出现"多线编辑工具"对话框，选择"角点结合"，关闭对话框。

选择多线的编辑方式后，命令行提示：

选择第一条多线：指定横线的中部。

选择第二条多线：指定右边的竖线。

修改结果如图 2-27 所示。

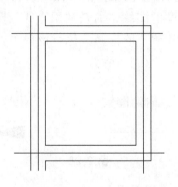

图 2-27　多线编辑 2

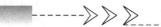
2.6 多段线的绘制与应用

多段线是作为单个对象创建的相互连接的序列线段，可以创建直线段、弧线段或两者的组合线段。多线段中的线条可以设置成不同的线宽以及不同的线形，具有很强的实用性。

1. 操作途径

（1）单击【快速访问工具栏】→【显示菜单栏】→【绘图】→【多段线】；

（2）在功能区选项板中单击【常用】→【绘图】→【多段线】按钮；

（3）在命令行中输入命令：【PLINE】。

2. 操作方法

点取"多段线"按钮，系统显示如下提示：

指定点：（输入点）

当前线宽为 0.0000

指定下一个点或 [圆弧（A）/关闭（C）/半宽（H）/长度（L）/放弃（U）/宽度（W）]：指定点或输入选项

圆弧（A）：将圆弧段添加到多段线中。

关闭（C）：从指定的最后一点到起点绘制直线段，从而创建闭合的多段线。必须至少指定两个点才能使用该选项。

半宽（H）：指定从宽多段线线段的中心到其一边的宽度。

长度（L）：在与上一线段相同的角度方向上绘制指定长度的直线段。如果上一线段是圆弧，程序将绘制与该圆弧段相切的新直线段。

放弃（U）：删除最近一次添加到多段线上的直线段。

宽度（W）：指定下一条直线段的宽度。

3. 应用提高

（1）利用多段线命令可以画出不同款图的直线、圆和圆弧。但在实际工程绘图时，不利用这个命令画出具有不同宽度的图线，而是利用直线、圆弧等画出图形。

（2）多段线是否填充受 Fill 命令的控制。执行该命令，输入 OFF，即可关闭填充。

4. 应用举例

例如：绘制如图 2-28 所示方向的箭头。

图 2-28

（1）在命令行中输入命令：【PLINE】。

（2）在命令行的【指定起点：】提示下，在绘图窗口单击，确定多段线的起点。

（3）在命令行的【指定下一个点或[圆弧（A）/关闭（C）/半宽（H）/长度（L）/放弃（U）/宽度（W）]】提示下用鼠标指定水平方向下一点。

（4）在命令行的【指定下一个点或[圆弧（A）/关闭（C）/半宽（H）/长度（L）/放弃（U）/宽度（W）]】提示下输入 W。

（5）在命令行的【指定起点宽度<0.0000>：】提示下输入多段线的起点宽度 50。

（6）在命令行的【指定端点宽度<50.0000>：】提示下输入多段线的端点宽度 0。

（7）在命令行的【指定下一个点或[圆弧（A）/关闭（C）/半宽（H）/长度（L）/放弃（U）/宽度（W）]】提示下输入坐标（@0，－150），绘制一条垂直线段。

（8）在命令行的【指定下一个点或[圆弧（A）/关闭（C）/半宽（H）/长度（L）/放弃（U）/宽度（W）]】提示下，按 Enter 键，完成绘图，如图 2-26 所示。

2.7　样条曲线的编制

1. 操作途径

（1）单击【快速访问工具栏】→【显示菜单栏】→【绘图】→【样条曲线】；
（2）在功能区选项板中单击【常用】→【绘图】→【样条曲线】按钮；
（3）在命令行中输入命令：【SPLINE】。

2. 操作方法

（1）在命令行中输入命令：【SPLINE】。
（2）系统将显示【指定第一个点或[对象（O）]】：指定一点或输入 O。

第一点：使用指定点、NURBS（非一致有理 B 样条曲线）数学创建样条曲线。

对象：将二维或三维的二次或三次样条曲线拟合多段线转换成等效的样条曲线并删除多段线（取决于 DELOBJ 系统变量的设置）。

（3）指定一点后系统显示【指定下一点】：指定一点。

（4）输入点一直到完成样条曲线的定义为止。输入两点后，将显示以下提示：

【指定下一点或[闭合（C）/拟合公差（FT）]<起点切向>】：指定点、输入选项或按 Enter 键。

【下一点】：继续输入点将增加附加样条曲线线段，直至按 Enter 键为止。输入 undo 以删除上一个指定的点。按 Enter 键后，将提示用户指定样条曲线的起点切向。

【闭合（C）】：将最后一点定义为与第一点一致并使它在连接处相切，这样可以闭合样条曲线。

【拟合公差（FT）】：修改拟合当前样条曲线的公差。根据新公差以现有点重新定义样条曲线。可以重复更改拟合公差，但这样做会更改所有控制点的公差（不管选定的是哪个控制点）。

【起点切向】：定义样条曲线的第一点和最后一点的切向。

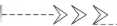

2.8　面域和图案高级填充

2.8.1　面　域

面域是封闭区域所形成的二维实体对象，可将它看成一个平面实心区域。尽管AutoCAD2010 中有许多命令可以生成封闭形状（如圆、多边形），但所有这些都只包含边的信息而没有面，它们和面域有本质区别。

1. 操作途径

（1）单击【快速访问工具栏】→【显示菜单栏】→【绘图】→【面域】；

（2）在功能区选项板中单击【常用】→【绘图】→【面域】按钮；

（3）在命令行中输入命令：【REGION】。

2. 操作方法

执行命令后，软件提示用户选择想转换为面域的对象，如选取有效，则系统将该有效选取转换为面域。但选取面域时要注意：

（1）自相交或端点不连接的对象不能转换为面域。

（2）缺省情况下进行面域转换时，REGION 命令将用面域对象取代原来的对象并删除原对象。如果想保留原对象，则可通过设置系统变量 DELOBJ 为零来达到这一目的。

2.8.2　图案填充

在建筑制图中，剖面图用来表达各种建筑材料的类型、地基轮廓面、房屋顶的结构特征以及墙体的剖面等。CAD 软件为用户提供了图案填充功能。图案填充操作，用户需要明确三个内容：一是填充的区域，二是填充的图案，三是填充的方式。

1. 操作途径

（1）单击【快速访问工具栏】→【显示菜单栏】→【绘图】→【图案填充】；

（2）在功能区选项板中单击【常用】→【绘图】→【图案填充】按钮；

（3）在命令行中输入命令：【HATCH/BHATCH】。

2. 操作方法

在命令行中输入命令：【HATCH/BHATCH】，打开"图案填充和渐变色"对话框，如图 2-29 所示。

使用"图案填充"对话框中的"图案填充"选项卡，定义图案填充和渐变填充对象的边界、图案类型、图案特性和其他特性。可以快速设置图案填充，各选项的含义和功能如下：

图 2-29　"图案填充和渐变色"对话框

"图案填充和渐变色"对话框包括以下内容：

"图案填充"选项卡；"渐变色"选项卡；其他选项区域；添加：拾取点；添加：选择对象；重新创建边界；删除边界；查看选择集；选择边界对象；选项；继承特性；预览。

（1）"图案填充"选项卡（"图案填充和渐变色"对话框）。

① 类型和图案。

指定图案填充的类型和图案。

a. 类型。

设置图案类型。用户定义的图案基于图形中的当前线型。自定义图案是在任何自定义 PAT 文件中定义的图案，这些文件已添加到搜索路径中。可以控制任何图案的角度和比例。预定义图案存储在随产品提供的 acad.pat 或 acadiso.pat 文件中。

b. 图案。

列出可用的预定义图案。最近使用的 6 个用户预定义图案将出现在列表顶部。HATCH 将选定的图案存储在系统变量 HPNAME 中。只有将"类型"设置为"预定义"，该"图案"选项才可用。

c. 图案后面的"…"按钮。

显示"填充图案选项板"对话框，从中可以同时查看所有预定义图案的预览图像。这将有助于用户做出选择。

d. 样例。

显示选定图案的预览图像。可以单击"样例"以显示"填充图案选项板"对话框。选

47

择 SOLID 图案时，可以单击右箭头以显示颜色列表或"选择颜色"对话框。

e. 自定义图案。

列出可用的自定义图案。最近使用的 6 个自定义图案将出现在列表顶部。选定图案的名称，存储在系统变量 HPNAME 中。只有在"类型"中选择了"自定义"，此选项才可用。

f. 自定义图案后面的"…"按钮。

显示"填充图案选项板"对话框，从中可以同时查看所有自定义图案的预览图像。这将有助于用户做出选择。

② 角度和比例。

指定选定填充图案的角度和比例。

a. 角度。

指定填充图案的角度（相对当前 UCS 坐标系的 X 轴）。HATCH 将角度存储在系统变量 HPANG 中。

b. 比例。

放大或缩小预定义或自定义图案。HATCH 将比例存储在系统变量 HPSCALE 中。只有将"类型"设置为"预定义"或"自定义"，此选项才可用。

c. 双向。

对于用户定义的图案，将绘制第二组直线，这些直线与原来的直线成 90°角，从而构成交叉线。只有在"图案填充"选项卡上将"类型"设置为"用户定义"时，此选项才可用。（HPDOUBLE 系统变量）

d. 相对图纸空间。

相对于图纸空间单位缩放填充图案。使用此选项，可很容易地做到以适合于布局的比例显示填充图案。该选项仅适用于布局。

e. 间距。

指定用户定义图案中的直线间距。HATCH 将间距存储在系统变量 HPSPACE 中。只有将"类型"设置为"用户定义"，此选项才可用。

f. ISO 笔宽。

基于选定笔宽缩放 ISO 预定义图案。只有将"类型"设置为"预定义"，并将"图案"设置为可用的 ISO 图案中的一种，此选项才可用。

③ 图案填充原点。

制填充图案生成的起始位置。某些图案填充（例如砖块图案）需要与图案填充边界上的一点对齐。默认情况下，所有图案填充原点都对应于当前的 UCS 原点。

a. 使用当前原点。

使用存储在系统变量 HPORIGINMODE 中的设置。默认情况下，原点设置为 0，0。

b. 指定的原点。

指定新的图案填充原点。单击此选项可使以下选项可用：

c. 单击以设置新原点。

直接指定新的图案填充原点

d. 默认为边界范围。

根据图案填充对象边界的矩形范围计算新原点。可以选择该范围的四个角点及其中

心。（HPORIGINMODE 系统变量）

e. 存储为默认原点。

将新图案填充原点的值存储在系统变量 HPORIGIN 中。

f. 原点预览。

显示原点的当前位置。

（2）"渐变色"选项卡（"图案填充和渐变色"对话框）。

定义要应用的渐变填充的外观。

① 颜色。

a. 单色。

指定使用从较深着色到较浅色调平滑过渡的单色填充。选择"单色"时，HATCH 将显示带有"浏览"按钮和"着色"和"染色"滑块的颜色样本。

b. 双色。

指定在两种颜色之间平滑过渡的双色渐变填充。选择"双色"时，HATCH 将显示颜色 1 和颜色 2 的带有"浏览"按钮的颜色样本。

c. 颜色样本。

指定渐变填充的颜色。单击浏览按钮"…"以显示"选择颜色"对话框，从中可以选择 AutoCAD 颜色索引（ACI）颜色、真彩色或配色系统颜色。显示的默认颜色为图形的当前颜色。

d. "着色"和"渐浅"滑块。

指定一种颜色的渐浅（选定颜色与白色的混合）或着色（选定颜色与黑色的混合），用于渐变填充。

② 渐变图案。

显示用于渐变填充的九种固定图案。这些图案形状包括线性扫掠状、球状和抛物面状等。

③ 方向。

指定渐变色的角度以及其是否对称。

a. 居中。

指定对称的渐变配置。如果没有选定此选项，渐变填充将朝左上方变化，创建光源在对象左边的图案。

b. 角度。

指定渐变填充的角度。相对当前 UCS 指定角度。此选项与指定给图案填充的角度互不影响。

④ 添加：拾取点。

根据围绕指定点构成封闭区域的现有对象确定边界。对话框将暂时关闭，系统将会提示拾取一个点。

⑤ 添加：选择对象。

根据构成封闭区域的选定对象确定边界。对话框将暂时关闭，系统将会提示选择对象。

⑥ 重新创建边界。

围绕选定的图案填充或填充对象创建多段线或面域，并使其与图案填充对象相关联（可选）。单击"重新创建边界"时，对话框将暂时关闭，并显示一个命令提示。

⑦ 删除边界。

从边界定义中删除之前添加的任何对象。单击"删除边界"后，对话框将暂时关闭并显示一个命令提示。

⑧ 查看选择集。

暂时关闭"图案填充和渐变色"对话框，并使用当前的图案填充或填充设置显示当前定义的边界。如果未定义边界，则此选项不可用。

⑨ 选择边界对象。

显示选定图案填充的边界夹点控件，并关闭"图案填充和渐变色"对话框。如果尚未为现有图案填充定义任何边界，则此选项不可用。

⑩ 选项。

控制几个常用的图案填充或填充选项。

⑪ 继承特性。

使用选定图案填充对象的图案填充或填充特性对指定的边界进行图案填充或填充。HPINHERIT 将控制是由 HPORIGIN 还是由源对象来决定生成的图案填充的图案填充原点。在选定图案填充要继承其特性的图案填充对象之后，可以在绘图区域中单击鼠标右键，并使用快捷菜单在"选择对象"和"拾取内部点"选项之间进行切换以创建边界。单击"继承特性"后，对话框将暂时关闭，并显示一个命令提示。

⑫ 预览。

关闭对话框，并使用当前图案填充设置显示当前定义的边界。单击图形或按 ESC 键返回对话框。单击鼠标右键或按 Enter 键接受图案填充或填充。如果没有指定用于定义边界的点或没有选择用于定义边界的对象，则此选项不可用。

⑬ 其他选项。

展开对话框以显示其他选项。

3. 特别说明

在填充区域内的对象成为孤岛，如封闭的图形、文字串的外框等。它影响了填充图案时的内部边界，因此对孤岛的处理方式不同而形成了三种填充方式，如图 2-30 所示。

图 2-30　普通、外部和忽略模式

（1）普通。

从外部边界向内填充。如 HATCH 遇到内部孤岛，将关闭图案填充，直到遇到该孤岛内的另一个孤岛。也可以通过在系统变量 HPNAME 的图案名称中添加，N 将填充方式设置为"普通"样式。

（2）外部。

从外部边界向内填充。如果 HATCH 遇到内部孤岛，将关闭图案填充。此选项只对结

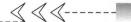

构的最外层进行图案填充或填充，而结构内部保留空白。也可以通过在系统变量 HPNAME 的图案名称中添加，"O"将填充方式设置为"外部"样式。

（3）忽略。

忽略所有内部的对象，填充图案时将通过这些对象。也可以通过在系统变量 HPNAME 的图案名称中添加，"I"将填充方式设置为"忽略"样式。

用户可以在边界内拾取点或选择边界对象时（即点击了"拾取点"或点击了"选取对象"后），在图形区单击鼠标右键，从弹出的快捷菜单中选择三种样式之一，如图 2-31 所示。

图 2-31　普通孤岛检测

4. 应用举例

下面以图 2-32 所示图形为例，说明图案填充的方法。图 2-32（a）比例为 0.5，图 2-32（b）比例为 1，图 2-32（a）比例为 2，

（1）点取图案填充按钮，弹出"图案填充和渐变色"对话框。

（2）点击"类型"下拉菜单，选择"预定义"。

（3）点击"图案"下拉菜单，选择需要填充的图案。

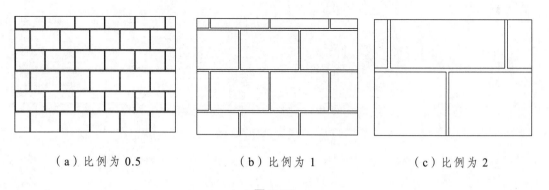

（a）比例为 0.5　　　　　　（b）比例为 1　　　　　　（c）比例为 2

图 2-32

（4）在"比例"框内分别输入 0.5、1 和 2。

（5）点取拾取点对话框，命令行提示：选择内部点。

（6）在图形轮廓线内部单击鼠标左键，此时图线以高亮显示。

（7）回车结束填充区域的选择。

（8）点取"确定"按钮，完成图案填充。

本章小结

本章介绍了 AutoCAD 2010 提供的绘制基本二维图形的功能。用户可以通过工具栏、菜单或在命令窗口输入命令的方式执行 AutoCAD 的绘图命令，具体采用哪种方式取决于用户的绘图习惯。但需要说明的是，只有结合 AutoCAD 的图形编辑等功能，才能够高效、准确地绘制各种工程图。

习题与实训

1. 调用二维绘图命令的方法有哪些？

2. CAD 中点的格式如何调整？

3. 如何利用定数等分和定距等分对直线进行等分？

4. 射线、构造线如何绘制？它们在工程图中有何应用？

5. 试用三种方法绘制边长为 20 的正六边形。

6. 绘制圆的方法有哪些？

7. 什么是多线？绘制时有哪些注意点？

8. 进行图案填充时要注意哪些问题？

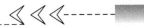

第 3 章　图形编辑与基本图形绘制

知识目标

- 掌握图形编辑的基本方法。
- 掌握基本图形绘制的方法、基本操作技巧。

技能目标

- 能够掌握图形编辑的基本方法，并进行灵活运用。
- 能够应用绘图命令及编辑命令进行简单的图形绘制。

本章导语

图形绘制过程中，需要不断地对图形进行修改、编辑，因此要求通过对编辑命令的学习掌握各种编辑方法，并在图形绘制过程中能灵活运用。

3.1　选择对象

图形编辑工具栏如图 3-1 所示，分别对应"删除"、"复制"、"镜像"、"偏移"、"阵列"、"移动"、"旋转"、"缩放"、"拉伸"、"修剪"、"延伸"、"打断于点"、"打断"、"合并"、"倒角"、"倒圆"和"分解"命令。

图 3-1　图形编辑工具栏

要编辑对象，先要对其进行选择。选择对象的方式主要有"点选"、"窗口"、"窗交"、"框选"、"圈围"、"圈交"、"栏选"等命令。

1. 点　选

移动鼠标至要选择的对象上，当对象显示为加粗的虚线时，单击鼠标左键进行选择，点选可以连续进行多个对象的选择。按住 Shift 键，点选已经选择的对象，可以将其排除。

2. 窗　口

输入 select 命令，再输入 W，进行窗口选择。用两个对角顶点确定的矩形窗口选取位于其范围内的所有图形，与矩形窗口边界相交的对象不被选中。指定对角顶点时，应从左向右进行，如图 3-2 和 3-3 所示。

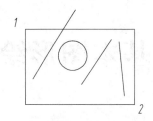

图 3-2　窗口选择　　　　　　　　　图 3-3　窗口选择后的图形

3. 窗　交

输入 select 命令，再输入 C，进行窗交选择。选择方式同窗口方式，但与矩形窗口边界相交的对象也被选中，如图 3-4 和 3-5 所示。

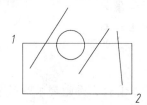

图 3-4　窗交选择　　　　　　　　　图 3-5　窗交选择后的图形

4. 框　选

输入 select 命令，再输入 BOX，进行框选。使用时，系统根据两个对角点的位置自动引用"窗口"或"窗交"方式，可以不输入命令，直接进行框选。从左向右指定对角点，则为"窗口"方式；从右向左指定对角点，则为"窗交"方式。

5. 圈　围

输入 select 命令，再输入 WP，进行圈围选择。选择方式为使用一个不规则的多边形来选择对象，顺次连接各顶点，按 Enter 键结束。多边形内部对象被选中，与多边形边界相交的对象不被选中，如图 3-6 和 3-7 所示。

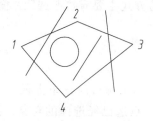

图 3-6　圈围选择　　　　　　　　　图 3-7　圈围选择后的图形

6. 圈　交

输入 select 命令，再输入 CP，进行圈交选择。选择方式和圈围类似，但与多边形边

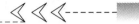

界相交的对象也被选中，如图 3-8 和 3-9 所示。

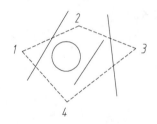

图 3-8　圈交选择

图 3-9　圈交选择后的图形

7. 栏　选

输入 select 命令，再输入 F，绘制直线，直线不必形成封闭的图形，与这些直线相交的对象均被选中，如图 3-10 和 3-11 所示。

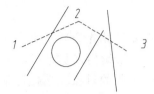

图 3-10　栏选选择

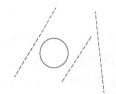

图 3-11　栏选选择后的图形

在选择对象数量较多或在较复杂的图形中选择对象时，通常比较复杂。可以使用工具—— 快速选择命令（QSELECT），在快速选择对话框中选择符合条件的对象，实现快速选择。快速选择对话框如图 3-12 所示。

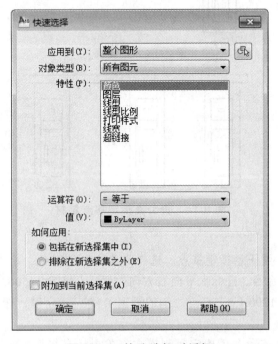

图 3-12　快速选择对话框

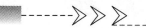

3.2　复制类命令

复制类命令主要包括复制、镜像、偏移、阵列命令。

3.2.1　复制命令

利用 Ctrl+C 命令可以实现复制，Ctrl+V 命令实现粘贴，默认复制图形所在范围左下角为基准点，不能实现准确定位。没有理想的基准点，难以实现对复制图形的定位，利用复制命令（COPY）可以通过基准点或位移进行准确定位。

选择要复制的对象，单击复制命令，提示"指定基点或[位移（D）/模式（O）/多个（M）]<位移>："

（1）指定基点。

指定一个基点后，该点即为复制对象的基点，提示"指定第二个点或 <使用第一个点作为位移>："。指定第二个基点后，即实现图形的复制。继续指定基点，可以实现连续复制。

已绘制办公桌图形，如图 3-13 所示。选择需要复制的对象，选择复制命令，指定 *A* 点作为基点，指定点 *B* 作为第二个点，继续指定 *C* 点，所绘制图形如图 3-14 所示。

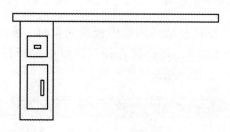

图 3-13　办公桌

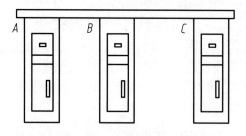

图 3-14　办公桌指定基点复制

（2）位移。

直接输入位移值，可任意指定基点。选择需要复制的对象，单击复制命令，指定任意点作为基点。打开正交命令，鼠标水平向右方向放置，直接输入 500（*A*、*B* 点之间的距离），按 Enter 键。继续输入 1200（*A*、*C* 点之间的距离），按 Enter 键，即可实现办公桌复制。

（3）模式。

控制是否自动重复该命令，确定复制模式是单个还是多个。

3.2.2　镜像命令

镜像命令（MIRROR）是把选择的对象以一条镜像线为对称轴进行对称，镜像操作完成后可以保留原对象，也可以删除原对象。对称轴可以是实际存在的直线，也可以是两点构成的直线。

已绘制办公桌图形，如图 3-15 所示。选择需要复制的对象，选择镜像命令，提示"指定镜像线的第一点"，选择桌面矩形顶边中点 A；提示"指定镜像线的第二点"，选择桌面矩形底边中点 B；提示"要删除源对象吗？[是（Y）/否（N）]"，输入 N，并按 Enter 键（默认 N，直接按 Enter 键即可）。所绘制图形如图 3-16 所示。

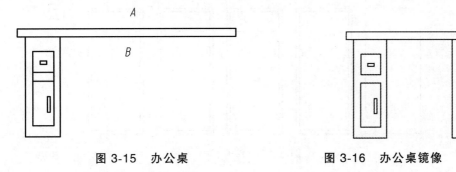

图 3-15　办公桌　　　　　　　　　　　　　图 3-16　办公桌镜像

3.2.3　偏移命令

偏移命令（OFFSET）用于保持原有图形的形状，在指定距离或通过某点处新建一图形。单开门绘制，如图 3-17 所示。绘图过程如下：

（1）绘制 1000×2200 矩形。

（2）选择偏移命令：

当前设置：删除源=否　图层=源　OFFSETGAPTYPE=0

指定偏移距离或[通过（T）/删除（E）/图层（L）]：60

选择要偏移的对象，或[退出（E）/放弃（U）]<退出>：选择刚绘制的矩形

指定要偏移那一侧上的点，或[退出（E）/多个（M）/放弃（U）]<退出>：选择矩形内部

选择要偏移的对象，或[退出（E）/放弃（U）]<退出>：

（3）利用相对坐标绘制直线。

选择外侧矩形，选择矩形左上角蓝色夹点，蓝色夹点变红，按 Esc 键退出。

选择直线命令：

指定第一点：@60，-400

指定下一点或[放弃（U）]：选择内侧矩形右侧边线（打开正交）

（4）偏移直线。

选择偏移命令：

当前设置：删除源=否　图层=源　OFFSETGAPTYPE=0

指定偏移距离或[通过（T）/删除（E）/图层（L）] <60.0000>：60（可直接按 Enter

键，此处已默认刚才输入的偏移距离 60）

选择要偏移的对象，或 [退出（E）/放弃（U）] <退出>：选择刚绘制的直线

指定要偏移那一侧上的点，或 [退出（E）/多个（M）/放弃（U）] <退出>：选择直线下方

（5）选择外侧矩形，选择矩形左上角蓝色夹点，蓝色夹点变红，按 Esc 键退出。

选择矩形命令：

指定第一个角点或 [倒角（C）/标高（E）/圆角（F）/厚度（T）/宽度（W）]：@200，-800

指定另一个角点或 [面积（A）/尺寸（D）/旋转（R）]：@600，-400

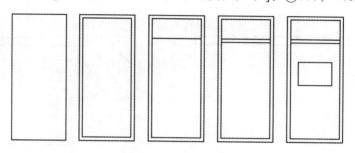

图 3-17　单开门

3.2.4　阵列命令

选择阵列命令（ARRAY），弹出阵列对话框，如图 3-18 所示。

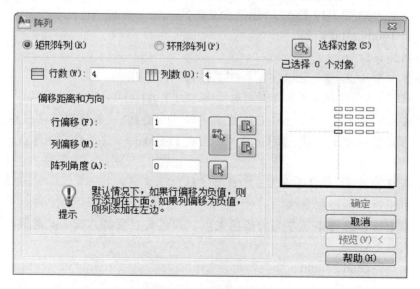

图 3-18　"阵列"对话框

1. 矩形阵列

选择阵列命令，对话框填写如图 3-19 所示。选择对话框右上角"选择对象"，选择需

要阵列的长方形，按 Enter 键，选择"确定"，阵列图形如图 3-20 所示。

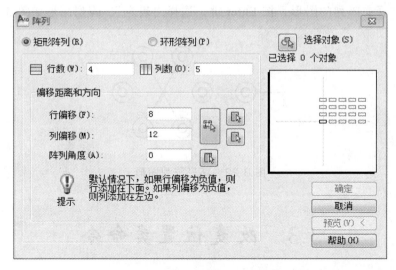

图 3-19　"矩形阵列"对话框填写

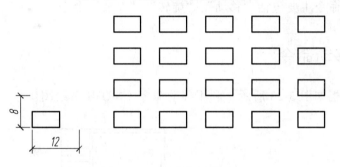

图 3-20　矩形阵列图形

2. 环形阵列

选择阵列命令，在对话框中选择"环形阵列"，填写对话框如图 3-21 所示。

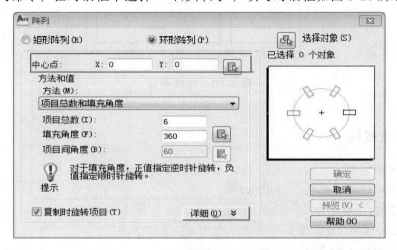

图 3-21　"环形阵列"对话框填写

选择对话框中"拾取中心点"按钮，选择图形 *A* 端点。选择对话框右上角"选择对象"按钮，选择要阵列的图形，按 Enter 键，选择"确定"，阵列图形如图 3-22 所示。

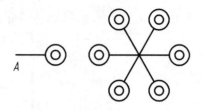

图 3-22   环形阵列图形

3.3   改变位置类命令

改变位置类命令主要包括"移动"、"旋转"、"缩放"命令。

3.3.1   移动命令

已绘制电视柜如图 3-23 所示，利用移动命令（MOVE）绘图。

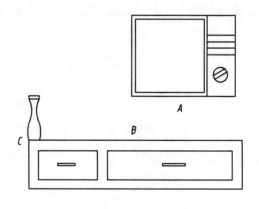

图 3-23   电视柜图

1. 移动电视机

选择移动命令：
选择对象：选择电视机，按 Enter 键
指定基点或[位移（D）]<位移>：选择 *A* 点
指定第二个点或<使用第一个点作为位移>：选择 *B* 点
所得图形如图 3-24 所示。

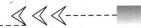

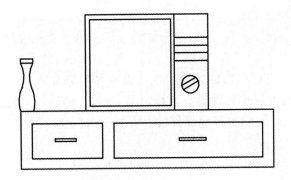

图 3-24　移动电视机

2. 移动花瓶

选择移动命令：

选择对象：选择花瓶，按 Enter 键

指定基点或 [位移（D）] <位移>：选择 C 点（也可指定任意基点）

指定第二个点或<使用第一个点作为位移>：200（打开正交，鼠标水平向右放置）

所绘制图形如图 3-25 所示。

图 3-25　移动花瓶

3.3.2　旋转命令

螺母图形如图 3-26 所示。

图 3-26　螺母

选择旋转命令（ROTATE）：

UCS 当前的正角方向：ANGDIR=逆时针　ANGBASE=0

选择对象：选择螺母图形，按 Enter 键

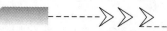
指定基点：选择螺母中心点

指定旋转角度，或[复制（C）/参照（R）] <0>：90，按 Enter 键

旋转后的图形如图 3-27 所示。

执行旋转命令时，可以保留原对象，也可以不保留原对象。

可以用拖拽鼠标的方法旋转对象。选择对象并指定基点后，基点到鼠标之间会出现一直线，选择的对象会动态地随着鼠标而旋转，按 Enter 键，实现旋转操作，如图 3-28 所示。

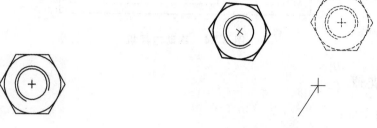

图 3-27　旋转螺母　　　　　　　　图 3-28　鼠标动态旋转

3.3.3　缩放命令

执行缩放命令（SCALE）时，可以保留原对象，也可以不保留原对象。

已知螺母图形如图 3-29 所示。

选择缩放命令：

选择对象：选择螺母图形，按 Enter 键

指定基点：选择螺母中心点

指定比例因子或 [复制（C）/参照（R）] <1.0000>：0.5（或 2），按 Enter 键

缩放图形如图 3-30 和图 3-31 所示。

图 3-29　螺母图形　　　　　　　　图 3-30　缩放 0.5 倍螺母

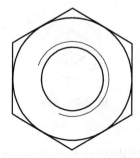

图 3-31　缩放 2 倍螺母

3.4　删除及恢复类命令

主要用于删除图形的某部分图线或对已经删除的对象进行恢复。

3.4.1　删除命令

删除螺母的六边形。

选择删除命令（ERASE）：

选择对象：选择六边形，按 Enter 键

所得图形如图 3-32 所示。

也可以选择要删除的对象，直接按 Delete 键进行删除。

图 3-32　删除螺母六边形

3.4.2　恢复命令

若误删除了图形，可以使用恢复命令（OOPS）恢复删除的对象。也可使用 ⇦ U 或 Ctrl+Z 实现恢复。

3.5　改变几何特性类命令

改变几何特性类命令包括拉伸、修剪、延伸、打断于点、打断、合并、倒角、倒圆、分解等。

3.5.1　拉伸命令

对梯形进行拉伸，已知梯形如图 3-33 所示。

选择拉伸命令（STRETCH）：

以交叉窗口或交叉多边形选择要拉伸的对象...

选择对象：以交叉窗口方式（否则不能进行拉伸）选择梯形上、下、右三条边，按 Enter 键

指定基点或 [位移（D）] <位移>：可以指定任意基点（打开正交命令，鼠标水平向右放置）

指定第二个点或 <使用第一个点作为位移>：10，按 Enter 键

拉伸后的梯形如图 3-34 所示。

图 3-33　梯形

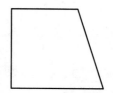

图 3-34　拉伸后的梯形

拉伸命令仅移动位于交叉选择内的顶点和端点，不更改位于交叉选项外的顶点和端点。部分包含在交叉选择窗口内的对象将被拉伸。

3.5.2　修剪命令

选择修剪命令（TRIM）：

当前设置：投影=UCS，边=无

选择剪切边…

选择对象或 <全部选择>：（选择用于修剪的边界对象），按 Enter 键

选择要修剪的对象，或按住 Shift 键选择要延伸的对象，或[栏选（F）/窗交（C）/投影（P）/边（E）/删除（R）/放弃（U）]：

选项说明如下：

（1）按 Shift 键。

在选择对象时，如果按住 Shift 键，系统会自动将修剪命令转换成延伸命令（延伸命令将在以后介绍）。

（2）栏选（F）。

选择此选项时，系统以栏选的方式选择被修剪对象。

选择修剪命令：

当前设置：投影=UCS，边=无

选择剪切边…

选择对象或<全部选择>：选择圆，按 Enter 键

选择要修剪的对象，或按住 Shift 键选择要延伸的对象，或[栏选（F）/窗交（C）/投影（P）/边（E）/删除（R）/放弃（U）]：F

指定第一个栏选点：指定第一个栏选点

指定下一个栏选点或 [放弃（U）]：指定第二个栏选点

指定下一个栏选点或 [放弃（U）]：指定第三个栏选点，按 Enter 键

如图 3-35 所示。

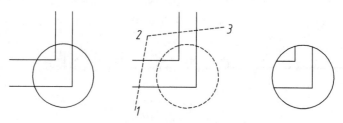

图 3-35　栏选修剪图

（3）窗交（C）。

选择此选项时，系统以窗交的方式选择被修剪对象。

（4）边（E）。

选择此选项时，可以选择对象的修剪方式，延伸和不延伸。延伸（E）：如果修剪边没有与要修剪的对象相交，系统会延伸剪切边至要修剪的对象相交，然后再修剪。不延伸（N）：不延伸边界修剪对象，只修剪与剪切边相交的对象。

选择修剪命令：

当前设置：投影=UCS，边=无

选择剪切边…

选择对象或<全部选择>：选择左侧水平直线

选择要修剪的对象，或按住 Shift 键选择要延伸的对象，或[栏选（F）/窗交（C）/投影（P）/边（E）/删除（R）/放弃（U）]：E

输入隐含边延伸模式[延伸（E）/不延伸（N）]<不延伸>：E

选择要修剪的对象，或按住 Shift 键选择要延伸的对象，或[栏选（F）/窗交（C）/投影（P）/边（E）/删除（R）/放弃（U）]：选择要修剪的直线（左侧竖线）

如图 3-36 所示。

图 3-36　边修剪图

3.5.3　延伸命令

延伸命令（EXTEND）是将某一对象延长至另一个对象的边界线。

选择延伸命令：

当前设置：投影=UCS，边=延伸

选择边界的边…

选择对象或<全部选择>：选择水平直线

选择对象：

选择要延伸的对象，或按住 Shift 键选择要修剪的对象，或[栏选（F）/窗交（C）/投影（P）/边（E）/放弃（U）]：左上方斜线

选择要延伸的对象，或按住 Shift 键选择要修剪的对象，或[栏选（F）/窗交（C）/投影（P）/边（E）/放弃（U）]：右上方斜线

如图 3-37 所示。

选择对象时，若直接按 Enter 键，则选择所有的对象作为可能的边界。

选择延伸命令：

当前设置：投影=UCS，边=延伸

选择边界的边…

图 3-37　延伸对象 1

选择对象或 <全部选择>：Enter 键

选择对象：

选择要延伸的对象，或按住 Shift 键选择要修剪的对象，或[栏选（F）/窗交（C）/投影（P）/边（E）/放弃（U）]：选择左上方斜线

选择要延伸的对象，或按住 Shift 键选择要修剪的对象，或[栏选（F）/窗交（C）/投影（P）/边（E）/放弃（U）]：再次选择左上方斜线

如图 3-38 所示。

图 3-38　延伸对象 2

3.5.4　打断命令和打断于点命令

选择打断命令：

选择对象：选择直线

指定第二个打断点 或 [第一点（F）]：F

指定第一个打断点：选择 *A* 点

指定第二个打断点：选择 *B* 点

如图 3-39 所示。

打断于点命令是指在对象上指定一点，从而把对象从该点处拆分成两部分。

图 3-39　打断命令

3.5.5　倒角命令

选择倒角命令（chamfer）：

（"修剪"模式）当前倒角距离 1 = 0.0000，距离 2 = 0.0000

选择第一条直线或[放弃（U）/多段线（P）/距离（D）/角度（A）/修剪（T）/方式（E）/多个（M）]：

选择第二条直线或按住 Shift 键选择要应用角点的直线：

选项说明：

（1）距离。

选择倒角的两个斜线距离。斜线距离是指从被连接的对象与斜线的交点到被连接的两对象的交点之间的距离。这两个斜线距离可以相同也可以不相同，若二者均为 0，则系统不会绘制连接的斜线，而是把两个对象延伸至相交，并修剪超出的部分，如图 3-40 所示。

选择修剪命令：

（"修剪"模式）当前倒角距离 1 = 0.0000，距离 2 = 0.0000

选择第一条直线或 [放弃（U）/多段线（P）/距离（D）/角度（A）/修剪（T）/方式（E）/多个（M）]：D

指定第一个倒角距离<0.0000>：3

指定第二个倒角距离<0.0000>：6

选择第一条直线或[放弃（U）/多段线（P）/距离（D）/角度（A）/修剪（T）/方式（E）/多个（M）]：选择 *AB* 直线

选择第二条直线，或按住 Shift 键选择要应用角点的直线：选择 *AC* 直线

继续选择修剪命令：

（"修剪"模式）当前倒角距离 1 = 3.0000，距离 2 = 6.0000

选择第一条直线或[放弃（U）/多段线（P）/距离（D）/角度（A）/修剪（T）/方式（E）/多个（M）]：D

指定第一个倒角距离<3.0000>：0

指定第二个倒角距离<6.0000>：0

选择第一条直线或[放弃（U）/多段线（P）/距离（D）/角度（A）/修剪（T）/方式（E）/多个（M）]：选择 *CD* 直线

选择第二条直线或按住 Shift 键选择要应用角点的直线：选择 *BE* 直线（上段部分）

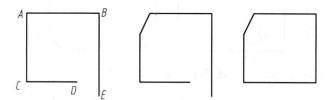

图 3-40 距离选项

（2）角度。

选择第一条直线的斜线距离和角度。需要输入两个参数：斜线与一个对象的斜线距离和斜线与该对象的夹角，如图 3-41 所示。

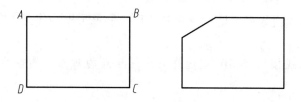

图 3-41 角度选项

选择倒角命令：

（"修剪"模式）当前倒角距离 1 = 0.0000，距离 2 = 0.0000

选择第一条直线或[放弃（U）/多段线（P）/距离（D）/角度（A）/修剪（T）/方式

（E）/多个（M）]：A

　　　指定第一条直线的倒角长度 <0.0000>：10

　　　指定第一条直线的倒角角度 <0>：30

　　　选择第一条直线或 [放弃（U）/多段线（P）/距离（D）/角度（A）/修剪（T）/方式

（E）/多个（M）]：选择 *AB* 直线

　　　选择第二条直线，或按住 Shift 键选择要应用角点的直线：选择 *AD* 直线

　　（3）多段线。

　　　多段线的各个交叉点均进行倒角操作，对矩形多段线进行倒角操作。

　　　选择倒角命令：

　　　（"修剪"模式）当前倒角距离 1 = 0.0000，距离 2 = 0.0000

　　　选择第一条直线或[放弃（U）/多段线（P）/距离（D）/角度（A）/修剪（T）/方式

（E）/多个（M）]：D

　　　指定第一个倒角距离<0.0000>：4

　　　指定第二个倒角距离<0.0000>：4

　　　选择第一条直线或[放弃（U）/多段线（P）/距离（D）/角度（A）/修剪（T）/方式

（E）/多个（M）]：P

　　　选择二维多段线：选择矩形（该矩形为多段线，不是四条独立的直线）

　　　4 条直线已被倒角，如图 3-42 所示。

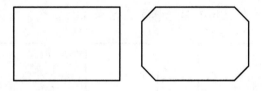

图 3-42　多段线选项

3.5.6　圆角命令

　　圆角命令（FILLET）的作用是用指定半径的圆弧连接两个对象。

　　　选择圆角命令：

　　　当前设置：模式 = 修剪，半径 = 0.0000

　　　选择第一个对象或 [放弃（U）/多段线（P）/半径（R）/修剪（T）/多个（M）]：选

择第一个圆角对象

　　　选择第二个对象或按住 Shift 键选择要应用角点的对象：选择第二个圆角对象

　　　选项说明：

　　　（1）多段线（P）。

　　　根据指定半径将多段线各顶点用圆弧连接起来。

　　　选择圆角命令：

　　　当前设置：模式 = 修剪，半径 = 0.0000

选择第一个对象或 [放弃（U）/多段线（P）/半径（R）/修剪（T）/多个（M）]：R
指定圆角半径 <0.0000>：5
选择第一个对象或 [放弃（U）/多段线（P）/半径（R）/修剪（T）/多个（M）]：P
选择二维多段线：选择矩形（该矩形为多段线，不是四条独立的直线）
4 条直线已被圆角，如图 3-43 所示。

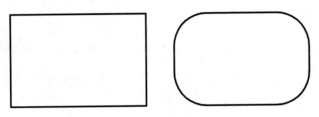

图 3-43　多段线选项

（2）修剪（T）。

在圆角连接两条边时，是否修剪这两条边。

选择圆角命令：

当前设置：模式=修剪，半径=0.0000

选择第一个对象或[放弃（U）/多段线（P）/半径（R）/修剪（T）/多个（M）]：R
指定圆角半径<0.0000>：8
选择第一个对象或[放弃（U）/多段线（P）/半径（R）/修剪（T）/多个（M）]：选
择 AB 直线

选择第二个对象或按住 Shift 键选择要应用角点的对象：选择 AD 直线

继续选择圆角命令：

当前设置：模式=修剪，半径 = 8.0000

选择第一个对象或[放弃（U）/多段线（P）/半径（R）/修剪（T）/多个（M）]：T
输入修剪模式选项[修剪（T）/不修剪（N）] <修剪>：N

选择第一个对象或[放弃（U）/多段线（P）/半径（R）/修剪（T）/多个（M）]：选
择 AB 直线

选择第二个对象，或按住 Shift 键选择要应用角点的对象：选择 BC 直线
如图 3-44 所示。

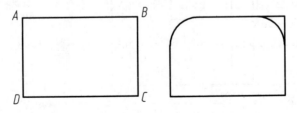

图 3-44　修剪选项

（3）多个（M）。

可以同时对多个对象进行圆角编辑，无需重新启用命令。

（4）按住 Shift 键，并选择两条直线，可以快速创建零距离倒角或零半径圆角。

3.5.7 其他命令

1. 合并命令（JOIN）

使用本命令，可将直线、圆弧、椭圆弧、样条曲线等独立的对象合并为一个对象。

2. 分解命令（EXPLODE）

使用本命令，选择一个对象后，该对象会被分解，系统会继续提示该行信息，允许分解多个对象。

3.6 基本图形绘制

3.6.1 杯形基础绘制

杯形基础如图 3-45 所示，试绘制该三视图。

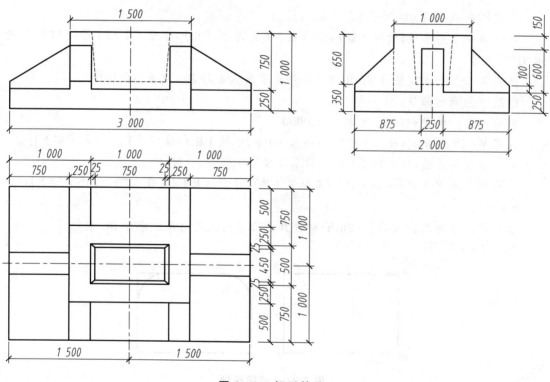

图 3-45 杯形基础

1. 水平投影绘制

（1）选择矩形命令：

输入指定第一个角点或 [倒角（C）/标高（E）/圆角（F）/厚度（T）/宽度（W）]:
指定任意点

指定另一个角点或 [面积（A）/尺寸（D）/旋转（R）]:
@3000，2000，按 Enter 键

（2）绘制中心线。在线型管理器中加载 center 线型，修改其线型。双击已绘制的中心线，在特性对话框中修改线型比例为 10，关闭该对话框，如图 3-46 所示。

图 3-46　水平投影 1

（3）启用夹点提示（默认启用）。在"工具→选项→选择"集中勾选启用夹点，关闭对话框。选择刚绘制的矩形，单击左上角蓝色夹点，颜色变红后按 Esc 键退出。

选择矩形命令：

指定第一个角点或[倒角（C）/标高（E）/圆角（F）/厚度（T）/宽度（W）]: @750，-500，按 Enter 键

指定另一个角点或[面积（A）/尺寸（D）/旋转（R）]: @1500，-1000，按 Enter 键

（4）选择偏移命令。

当前设置：删除源=否　图层=源　OFFSETGAPTYPE=0

指定偏移距离或[通过（T）/删除（E）/图层（L）]＜0.0000＞: 250

选择要偏移的对象，或[退出（E）/放弃（U）]＜退出＞: 选择刚绘制的小矩形

指定要偏移的那一侧上的点，或[退出（E）/多个（M）/放弃（U）]＜退出＞: 选择矩形内部任意点

继续使用偏移命令，将刚才偏移得到的矩形向内部偏移 25，所绘制图形如图 3-47 所示。

（5）利用正交模式、偏移等命令绘制剩余图形，如图 3-48 所示。

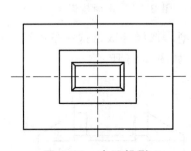

图 3-47　水平投影 2

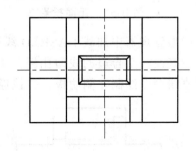

图 3-48　水平投影 3

2. 正面投影绘制

（1）利用矩形命令绘制基础底板及基础杯身轮廓。

选择矩形命令：

指定第一个角点或[倒角（C）/标高（E）/圆角（F）/厚度（T）/宽度（W）]: 任意指定一点（也可以打开对象捕捉追踪，将鼠标放到水平投影图左上角点处，捕捉到该点后，再将鼠标往竖直方向上移动，出现一虚线，在适当的位置选择点。这样，正面投影和水平投影左右是对齐的。）

指定另一个角点或[面积（A）/尺寸（D）/旋转（R）]: @3000，250

选择刚绘制的矩形，单击左上角蓝色夹点，该夹点变红后按 Esc 键退出

继续选择矩形命令：

指定第一个角点或[倒角（C）/标高（E）/圆角（F）
/厚度（T）/宽度（W）]：@750，0

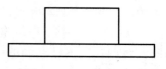

图 3-49　正面投影 1

指定另一个角点或[面积（A）/尺寸（D）/旋转（R）]：
@1500，750

所绘制图形如图 3-49 所示。

（2）绘制杯身部分。

利用分解命令将杯身矩形进行分解，分解后利用偏移命令将左右两侧直线向中间偏移
250。

将下方直线向上偏移 100，上方直线向下偏移 150。

利用修剪命令修剪图形，如图 3-50 所示。

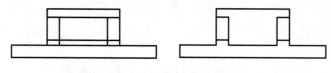

图 3-50　正面投影 2

绘制两个辅助线，如图 3-51 所示。

连接两辅助线的右端，删除辅助线，并镜像斜线，如图 3-52 所示。

图 3-51　正面投影 3　　　　　　　图 3-52　正面投影 4

在线型管理器中加载 DASHED 线型，修改其线型。选择并双击这三条虚线，在特性
对话框中修改一个合适的线型比例，关闭该对话框，如图 3-53 所示。

用直线命令绘制左侧肋板，并镜像，如图 3-54 所示。

图 3-53　正面投影 5　　　　　　　图 3-54　正面投影 6

3. 左视图

左视图绘制方法和正面投影绘制方法类似。

3.6.2　水池绘制

水池如图 3-55 所示，试绘制其三视图。

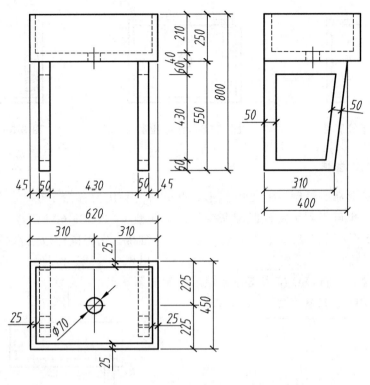

图 3-55 水池

1. 水平投影绘制

（1）利用矩形命令绘制 620×450 矩形，利用偏移命令将矩形向内部偏移 25。选择外侧矩形，选择左上角蓝色夹点，颜色变红后按 Esc 键退出。

选择圆命令：

指定圆的圆心或[三点（3P）/两点（2P）/切点、切点、半径（T）]：@310，-255

指定圆的半径或[直径（D）] <0.0000>：35

其图形如图 3-56 所示。

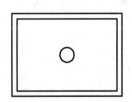

图 3-56 水平投影 1

（2）选择外侧矩形，选择左上角蓝色夹点，颜色变红后按 Esc 键退出。

选择直线命令：

指定第一点：@45，0

指定下一点或 [放弃（U）]：400（鼠标竖直向下放置），按 Enter 键

指定下一点或 [放弃（U）]：25（鼠标水平向右放置），按 Enter 键

指定下一点或[放弃（U）]：捕捉与矩形的垂足点

在线型管理器中加载 DASHED 线型，修改其线型。选择并双击这三条虚线，在特性对话框中修改一个合适的线型比例，关闭该对话框，如图 3-57 所示。

（3）利用偏移命令绘制图 3-58 所示图形。

（4）利用镜像命令绘制图 3-59 所示图形。

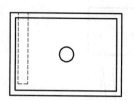

图 3-57　水平投影 2

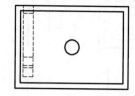

图 3-58　水平投影 3

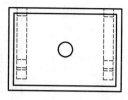

图 3-59　水平投影 4

2. 正面投影绘制

（1）利用矩形命令绘制 610×250 矩形，并分解。利用偏移命令绘图，修剪多余线条，并修改其线型（也可以利用特性匹配命令修改其线型），如图 3-60 所示。

（2）利用矩形命令绘制水池支撑板，注意定位准确。先将鼠标放至水平投影支撑板左上角点处，显示捕捉后，缓慢竖直向上移动鼠标，出现一虚线，再将鼠标移动至正面投影水池底部交点处，并将该点作为支撑板矩形绘制的第一点。

所绘图形如图 3-61 所示。

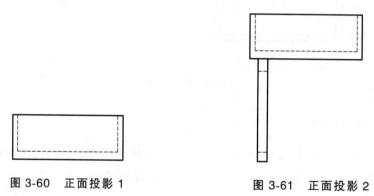

图 3-60　正面投影 1　　　　　　　　图 3-61　正面投影 2

（3）利用镜像命令，绘制图 3-62 所示图形。

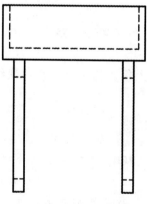

图 3-62　正面投影 3

3. 左视图绘制

左视图绘制方法与正面投影绘制方法类似。

3.6.3　正等轴测投影绘制

1. 平面体正等轴测投影

平面体正等轴测投影如图 3-63 所示，试绘制该正等轴测投影图（按实际尺寸绘制）。

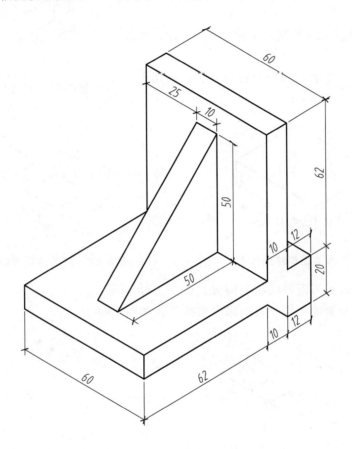

图 3-63　平面体正等轴测投影图

将极轴增量角设置为 30°，同时启用极轴追踪，绘制过程如图 3-64 所示。

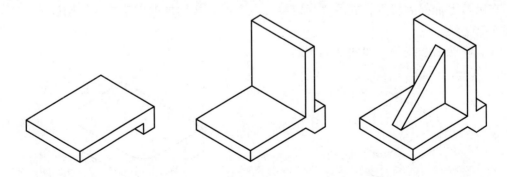

图 3-64　平面体正等轴测投影

2. 曲面体正等轴测投影绘制

曲面体正等轴测投影如图 3-65 所示，试绘制该正等轴测投影图（按实际尺寸绘制）。

将极轴增量角设置为 30°，同时启用极轴追踪。绘制过程如下：

（1）根据标注尺寸绘制长方体 40×30×10，如图 3-66 所示。

（2）在长方体上表面圆角所在位置，绘制边长为 15 的正方形，如图 3-67 所示。

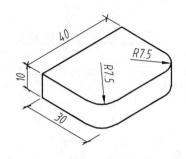

图 3-65　曲面体正等轴测投影

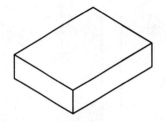

图 3-66　曲面体正等轴测投影 1

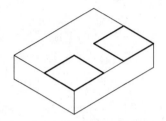

图 3-67　曲面体正等轴测投影 2

（3）根据四心圆弧近似法绘制圆弧，如图 3-68 所示。

（4）复制刚绘制的圆弧，并删除多余线条，如图 3-69 所示。

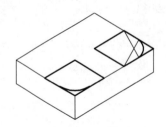

图 3-68　曲面体正等轴测投影 3

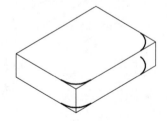

图 3-69　曲面体正等轴测投影 4

（5）选择直线命令。提示"指定第一点"时，按住 Shift 键，单击鼠标右键，选择切点，在圆弧上捕捉到切点；提示"指定第二点"时，按同样的方法捕捉到圆弧上的切点，如图 3-70 所示。

（6）修剪多余线条，如图 3-71 所示。

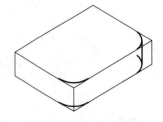

图 3-70　曲面体正等轴测投影 5

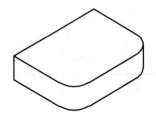

图 3-71　曲面体正等轴测投影 6

3.6.4　基础详图绘制

基础详图如图 3-72 所示，试绘制该图形。

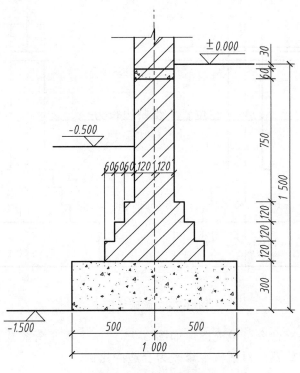

图 3-72　基础详图

（1）利用矩形命令绘制 1000×300 矩形。绘制大放脚左侧台阶及基础墙线，并绘制中心线，修改中心线线型为 CENTER。镜像左侧台阶及基础墙线，如图 3-73 所示。

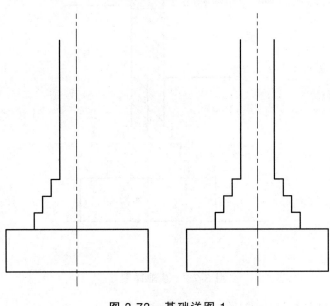

图 3-73　基础详图 1

（2）绘制基础顶部折断线。绘制基础底部-1.500 标高处直线，并利用偏移命令绘制-0.500、±0.000 标高以及墙身防潮层直线。利用修剪命令修剪多余线条，如图 3-74 所示。

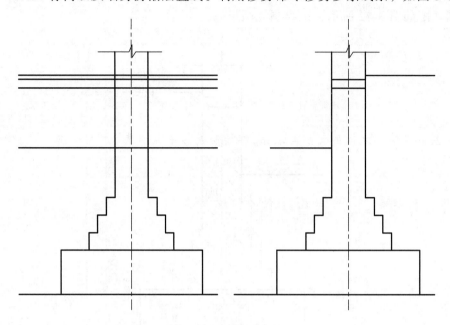

图 3-74　基础详图 2

（3）利用图案填充命令，填充图形如图 3-75 所示。填充图案显示不合理时，双击图案，在"图案填充编辑器"对话框中修改为合适的比例。

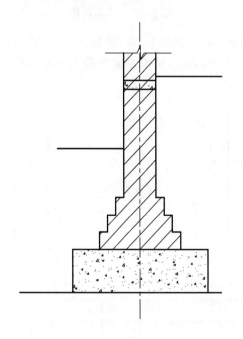

图 3-75　基础详图 3

（4）标高及尺寸标注将在后续章节进行讲解。

本章小结

　　本章介绍了图形的各种编辑命令，如复制类命令、改变位置类命令、删除及恢复类命令以及改变几何特性类命令，最后介绍了一些基本体的图形绘制。需要掌握各种命令的基本使用方法以及它们之间的区别与联系，在绘制过程中合理选择编辑命令，进行图形编辑。

习题与实训

1. 量取学生宿舍实际尺寸，并绘制宿舍平面图。
2. 将教材中杯形基础、水池、基础尺寸放大 2 倍后，进行绘制。

第 4 章　图　块

- 掌握图块的创建和调用方法。
- 掌握设计中心的使用方法。

- 掌握图块的创建和调用方法，并进行图块的实际创建和调用。
- 在绘图过程中能灵活运用设计中心。

通过建立图块，可以把多个对象作为一个整体来操作。使用图块可以提高工作效率，节省储存的空间，同时便于进行修改和重新定义图块。

4.1　图块的特点

图块是一组图形实体的总称。在一个图块中，图形各实体可以设置不同的线型、颜色等特性，但却作为一个单独的、完整的对象进行操作。

使用图块具有以下优点：

（1）提高绘图效率。

在建筑施工图的绘制过程中，有大量图形需要进行重复绘制。如果将绘制好的图形以图块的形式存储起来，当需要某个图块时，直接调用即可。这样可避免大量的重复工作，从而提高绘图效率。

（2）节省存储空间。

每个图块由大量的对象组成，图块作为整体图形单元进行存储，这样可节约大量的磁盘空间。

（3）联动性。

在实际绘图过程中，经常需要反复修改图形。在当前图形中修改或更新一个已经定义好的图块，图形将自动更新已经插入的所有图块。

在施工图的绘制过程中，可以把门、窗、图框、标高符号、定位轴线编号、详图索引符号、详图符号、剖面符号、指北针等做成图块。

图块的制作方法有两种：一种是创建块（BLOCK）；另一种是写块（WBLOCK）。创建图块是将选择的图形对象在当前图形文件中创建为内部块;写块是将定义的块作为一个独立的图形文件写入磁盘中。

4.2 门窗图块的制作和使用

4.2.1 门图块的制作和使用

以宽度为 1 000 mm 的单扇门为例,利用创建块命令进行图块制作。单扇门的宽度有 750 mm、800 mm、900 mm 和 1 000 mm 等,插入块时缩放比例为新的门扇宽度除以 1000。

1. 门扇绘制

选择多段线命令:

指定起点:在绘图区域指定任意点

当前线宽为 0.0000

指定下一个点或[圆弧(A)/半宽(H)/长度(L)/放弃(U)/宽度(W)]:W

指定起点宽度<0.0000>:50

指定端点宽度<0.0000>:50

指定下一个点或[圆弧(A)/半宽(H)/长度(L)/放弃(U)/宽度(W)]:1000,按 Enter 键(打开正交命令,鼠标竖直向上放置)

所绘图形如图 4-1 所示。

图 4-1 门 1

2. 门轨迹线绘制

选择"绘图"→"圆弧"→"起点、圆心、端点"命令:

_arc 指定圆弧的起点或[圆心(C)]:选择 B 点

指定圆弧的第二个点或[圆心(C)/端点(E)]:_c 指定圆弧的圆心:选择 A 点

指定圆弧的端点或[角度(A)/弦长(L)]:打开正交命令,鼠标水平向左放置,选择任意点

所绘图形如图 4-2 所示。

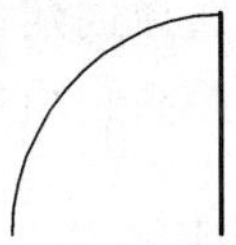

4-2 门 2

3. 定义属性

通常图块带有一定的文字信息,图块所携带的文字信息称为属性,门图块的文字信息就是门的编号。

选择"绘图"→"块"→"定义属性"命令,弹出"属性定义"对话框,设定"属性定义"对话框,如图 4-3 所示。

图 4-3　属性定义对话框

单击"确定"之后，文字 M1 的左下角点附着在鼠标处。在指定起点提示下，将门编号 M1 放置在图 4-4 所示位置。

4. 属性定义修改

双击属性值 M1，弹出"编辑属性定义"对话框，可以对各参数进行修改，如图 4-5 所示。

图 4-4　M1 的位置

5. 创建块

选择创建块命令，弹出"块定义"对话框，"块定义"对话框设置如图 4-6 所示。

图 4-5　编辑属性定义对话框

图 4-6　块定义对话框

选择"块定义"对话框中的"选择对象"按钮，选择刚绘制的门和 M1 编号，按 Enter 键；选择"块定义"对话框中的"拾取点"按钮，选择 A 点作为图块插入时的定位点。单击"块定义"对话框中的"确定"按钮，完成块的创建，此时被制作成图块的对象消失（块定义对话框中，对象勾选的是删除）。

6. 插入门图块

以插入宽度为 1200 的门为例。选择插入块命令，弹出"插入"对话框，对话框设置如图 4-7 所示。

图 4-7　插入对话框设置

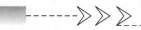
设置完成后单击"确定"按钮，此时门图块基点的位置附着在鼠标上，选择合适的位置插入门块。提示"请输入门的编号<M1>:"时，输入 M2，按 Enter 键，完成门块的插入，如图 4-8 所示。

7. 修改属性

双击 M2 门图块，弹出"增强属性编辑器"对话框，如图 4-9 所示。可以对门的代号以及门代号文字的高度、线型等进行修改。

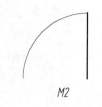

图 4-8　插入门图块

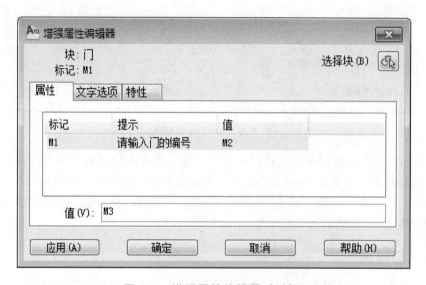

图 4-9　增强属性编辑器对话框

4.2.2　窗图块的制作和使用

以宽度为 1 000 mm 的窗为例，利用写块命令进行图块制作。

（1）绘制窗户图形及 C-1 属性值，如图 4-10所示。

（2）写块。

在命令行输入 W，按 Enter 键，弹出"写块"对话框，对话框设置如图 4-11 所示。

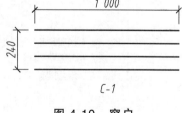

图 4-10　窗户

在"源"选项组中点选"对象"，表示要选择屏幕上已有的图形来制作图块。在屏幕上指定合适的点作为块的基点，选择对象时选择窗户图形及 C-1 属性值。在目标选项组中，单击浏览按钮 打开"浏览图形文件"对话框，确定该块的存储位置并给该块命名，如图 4-12 所示。

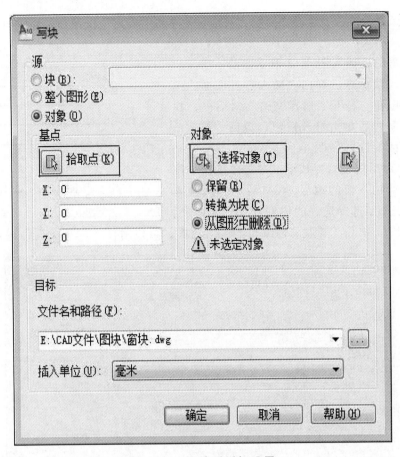

图 4-11 写块对话框设置

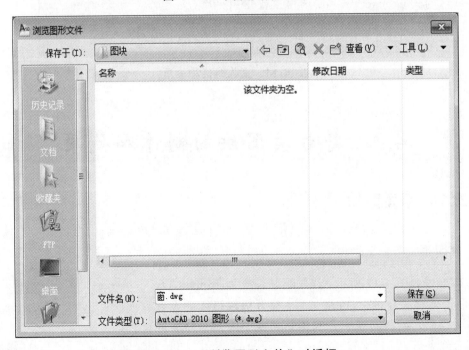

图 4-12 "浏览图形文件"对话框

单击"保存"按钮，返回"写块"对话框。单击"确定"按钮，关闭"写块"对话框。

（3）插入图块。

利用刚写的块插入图 4-13 所示图块。

选择插入块命令，弹出"插入"对话框。单击"浏览"按钮，打开"选择文件"对话框，找到刚创建的窗块后单击打开按钮，返回"插入"对话框。对话框设置如图 4-14 所示。

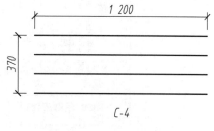

图 4-13 C-4 窗

"插入"对话框设置完成后，单击"确定"按钮，提示"请输入窗的编号 <C-1>："时，输入 C-4，按 Enter 键，选择适当的位置放置 C-4 窗户。

双击插入的块，弹出"增强属性编辑器"对话框，可以对图块的相关属性进行修改。

图 4-14 插入对话框设置

4.3　符号类图块的制作和使用

4.3.1　标高图块

1. 制图形

标高符号如图 4-15 所示。首先绘制长度为 15mm 的水平线，利用偏移命令进行 3mm 偏移。打开极轴追踪并设置增量角为 45°，绘制斜线，并利用修剪或删除命令修剪或删除多余线条。

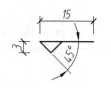

图 4-15 标高符号

2. 定义属性

选择"绘图"→"块"→"定义属性"命令，打开"属性定义"对话框，"属性定义"对话框设置如图 4-16 所示。

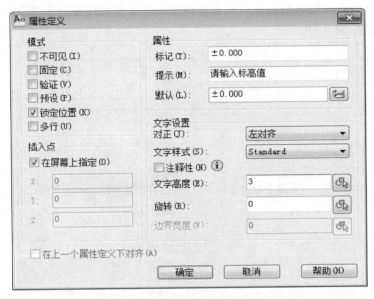

图 4-16　"属性定义"对话框设置

图 4-17　标高

设置完成后，单击"确定"按钮，将±0.000 放至如图 4-17 所示位置。

3. 创建块

选择创建块命令，弹出"块定义"对话框，设置"块定义"对话框，如图 4-18 所示。

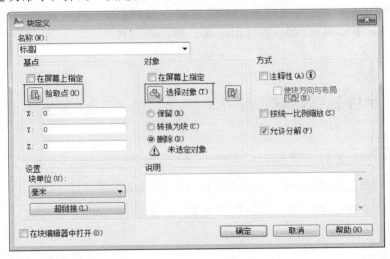

图 4-18　块定义对话框设置

选择"块定义"对话框中的"选择对象"按钮，选择标高符号及±0.000 属性，选择完成后按 Enter 键。选择"块定义"对话框中的"拾取点"按钮，选择标高符号三角形顶点作为图块插入时的定位点。单击"块定义"对话框中的"确定"按钮，完成块的创建，此时被制作成图块的对象消失（块定义对话框中，对象勾选的是删除）。

4. 插入块

选择插入块命令，弹出"插入块"对话框，在对话框中的"名称"下拉列表选项中选择"标高"图块，其他设置如图 4-19 所示。

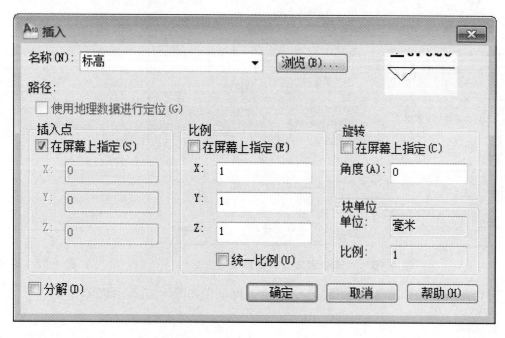

图 4-19　插入块对话框设置

选择合适的位置放置标高图块，在"请输入标高值 <±0.000>："提示下输入 3.500，按 Enter 键，插入的图块如图 4-20 所示。

图 4-20　3.500 标高

4.3.2　定位轴线图块

1. 绘制图形

定位轴线圆圈直径为 8mm，引线直线长度为 12mm，编号文字高度为 5mm。利用圆命令和直线命令绘制定位轴线图形，如图 4-21 所示。

图 4-21　定位轴线图形

2. 定义属性

选择"绘图"→"块"→"定义属性"命令，打开"属性定义"对话框，"属性定义"对话框设置如图 4-22 所示。

图 4-22 "属性定义"对话框设置

设置完成后,单击"确定"按钮,将文字代号 1 放至如图 4-23 所示位置。

3. 创建块

选择创建块命令,弹出"块定义"对话框,设置"块定义"对话框,如图 4-24 所示。

图 4-23 定位轴线

图 4-24 块定义对话框设置

选择"块定义"对话框中的"选择对象"按钮，选择定位轴线图形及 1 属性，选择完成后按 Enter 键。选择"块定义"对话框中的"拾取点"按钮，选择引线顶点作为图块插入时的定位点。单击"块定义"对话框中的"确定"按钮，完成块的创建，此时被制作成图块的对象消失（块定义对话框中，对象勾选的是删除）。

4. 插入块

选择插入块命令，弹出"插入块"对话框，在对话框中的"名称"下拉列表选项中选择"定位轴线"图块，其他设置如图 4-25 所示。

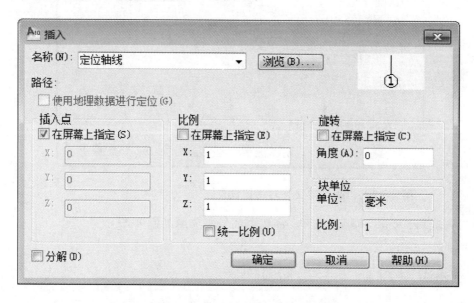

图 4-25　插入块对话框设置

选择合适的位置放置定位轴线图块，在"请输入轴代号 <1>:"提示下输入 2，按 Enter 键，插入的图块如图 4-26 所示。

4.3.3　详图索引符号图块

图 4-26　2 号定位轴线

1. 绘制图形

详图索引符号圆圈直径为 10mm，编号文字高度为 4mm。利用圆命令和直线命令绘制详图索引符号图形，如图 4-27 所示。

图 4-27　详图索引符号图形

2. 定义属性

选择"绘图"→"块"→"定义属性"命令，打开"属性定义"对话框。需要定义属性两次，"属性定义"对话框设置如图 4-28 和图 4-29 所示。

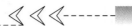

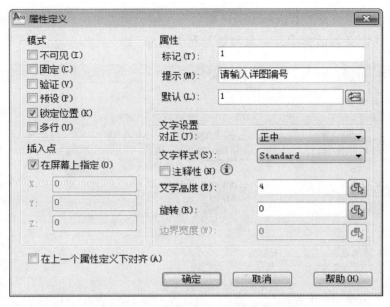

图 4-28 "属性定义"对话框设置 1

图 4-29 "属性定义"对话框设置 2

属性定义放置位置如图 4-30 所示。

3. 创建块

图 4-30 详图索引符号

选择创建块命令,弹出"块定义"对话框,设置"块定义"对话框,如图 4-31 所示。

选择"块定义"对话框中的"选择对象"按钮,选择详图索引符号及属性,选择完成后按 Enter 键。选择"块定义"对话框中的"拾取点"按钮,符号左端点作为图块插入时

的定位点。单击"块定义"对话框中的"确定"按钮，完成块的创建，此时被制作成图块的对象消失（块定义对话框中，对象勾选的是"删除"）。

图 4-31　块定义对话框设置

4. 插入块

选择插入块命令，弹出"插入块"对话框，在对话框中的"名称"下拉列表选项中选择"详图索引符号"图块，其他设置如图 4-32 所示。

图 4-32　插入块对话框设置

选择合适的位置放置详图索引符号图块，在"请输入详图所在图纸编号 <->:"提示下输入 5，在"请输入详图编号 <1>:"提示下输入 B，按 Enter 键，插入的图块如图 4-33 所示。

图 4-33　详图索引符号

4.4 设计中心

选择"工具"→"选项板"→"设计中心"命令,打开设计中心面板,如图 4-34 所示。

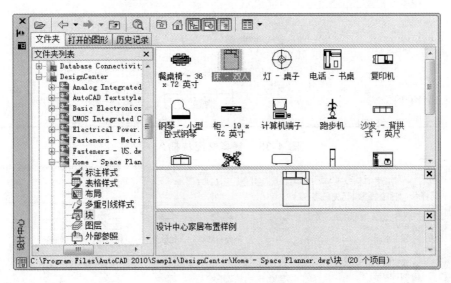

图 4-34 设计中心面板

设计中心可以将已创建的标准图块、图层、文字样式、标注样式等内容添加到当前图形文件中。

1. 添加图块

设计中心添加图块,是将设计中心的图块插入到用户的当前图形文件中,有自动换算比例插入和利用插入对话框插入两种方式。

(1)自动换算比例插入。

从设计中心的内容显示框中选择要插入的图块,然后用拖动的方式将图块拖到绘图窗口中需要插入的位置,系统将自动按设置好的比例插入。

(2)利用插入对话框插入。

首先在设计中心中找到需要的图块(餐桌椅—36×72 英寸),然后双击该图块(或单击鼠标右键,选择插入块),弹出"插入块"对话框,如图 4-35 所示。

2. 复制图形

设计中心可以将图形文件的图层、线型、文字样式、标注样式等内容复制到当前图形文件中。在设计中心的内容显示框中选择一个或多个图层,然后拖到绘图窗口,即可实现图层的复制,如图 4-36 所示。

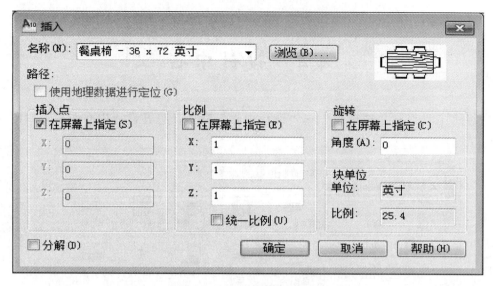

图 4-35 餐桌椅图块插入

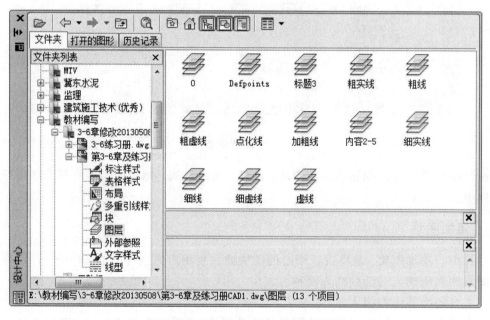

图 4-36 利用设计中心复制图层

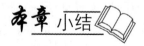

　　本章介绍了图块的基本概念及其创建和调用方法。在一个图块中，图形各实体可以设置不同的线型、颜色等特性，但却作为一个单独的、完整的对象进行操作。使用图块具有效率高、联动性等优点，在绘图过程中得到广泛使用。

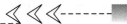

习题与实训

1．创建双开门图块。
2．创建指北针图块。
3．创建标题栏图块。

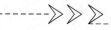

第 5 章　尺寸与文字标注

知识目标

• 了解尺寸与文字标注的目的，理解尺寸标注样式的含义，掌握设置和修改尺寸与文字标注样式的方法。

• 掌握尺寸标注的规则、组成和类型。

• 熟悉创建尺寸标注样式的步骤。

• 常用的尺寸标注命令。

• 创建文字样式与编辑文字。

技能目标

• 能应用已经设置的标注样式，结合各种标注方法给图形进行标注。

• 根据实际绘图需要设置合适的文字样式和表格样式。

本章导语

在图形设计完成以后，要对其进行尺寸标注与必要的文字说明，然后按图形标注的尺寸建造工程实体。因此，尺寸标注是绘图设计工作中的一个重要环节，图形中各个对象的真实大小和相互位置只有经过尺寸标注后才能确定。AutoCAD 2010 包含了一套完整的尺寸标注命令和实用程序，可以轻松完成图纸中要求的尺寸标注。

5.1　尺寸标注概述

尺寸是工程图纸中一项不可或缺的内容，工程图纸是用来说明工程形体的形状，而工程形体的大小是用尺寸来说明的，所以，工程图纸中的尺寸标注必须正确、完整、合理、清晰。在对图形进行标注之前，应了解尺寸标注的规则、组成、类型等。

5.1.1　尺寸标注的规则

在 AutoCAD 2010 中，对绘制的图形进行尺寸标注时，应遵循以下规则：

（1）物体的真实大小应以图样上所标注的尺寸数值为依据，与图形的大小及绘图的准确度无关。

（2）图样中的尺寸以毫米为单位时，不需要标注计量单位的代号或名称。如采用其他单位，则必须注明相应计量单位的代号或名称，如度、厘米及米等。

（3）图样中所标注的尺寸为该图样所表示的物体的最后完工尺寸，否则应另加说明。

5.1.2　尺寸标注的组成

AutoCAD 中，一个完整的尺寸标注一般由尺寸线、延伸线（即尺寸界线）、尺寸文字（即尺寸数字）和尺寸箭头（尺寸起止符号）4 部分组成，如图 5-1 所示。这里的"箭头"是广义的概念，也可以用短画线、点或其他标记代替尺寸箭头。

AutoCAD 2010 将尺寸标注分为线性标注、对齐标注、半径标注、直径标注、弧长标注、折弯标注、角度标注、引线标注、基线标注、连续标注等多种类型，而线性标注又分水平标注、垂直标注和旋转标注。

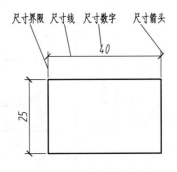

图 5-1　尺寸标注的组成

（1）尺寸线：表示标注的范围。尺寸线（有时尺寸线所在的测量区域空间太小而不足以放置标注文字时，尺寸线通常被分割成两段，分别绘制在尺寸界线的外部）表示测量的方向和被测距离的长度。如果所标注的尺寸是一个对象中的两条平行线或者两个对象间的平行线，那么，可以不引出尺寸界线而直接在两平行线间绘制尺寸线。对于角度标注，尺寸线是一段圆弧。

（2）尺寸界线：从标注起点引出的标明标注范围的直线。尺寸界线应自图形的轮廓线、轴线、对称中心线引出，其中轮廓线、轴线、对称中心线也可用做尺寸界线。除非选择"倾斜"选项，否则尺寸界线一般要垂直于尺寸线。

（3）尺寸文字：用于表示测量值和标注类型的数字、词汇、参数和特殊符号组成。可以使用由 AutoCAD 2010 自动计算出的测量值，并可附加公差、前缀和后缀等；也可以自行指定文字或取消文字。通常情况下，尺寸文字应按标准字体书写，且同一张图上的字高要一致。尺寸文字在图中遇到图线时，须将图线断开。如图线断开影响图形表达，须调整尺寸标注的位置。

（4）尺寸箭头：用来标注尺寸线的两端，表明测量的开始和结束位置。AutoCAD2010 提供了多种符号可供选择，如建筑标记、小斜线箭头、点和斜杠等，也可以创建自定义符号。同一张图中的箭头或斜线大小要一致，并应采用同一种形式，箭头尖端应与尺寸界线接触。

5.1.3　尺寸标注的类型

尺寸标注的类型有很多，AutoCAD2010 提供了十余种标注用以测量设计对象，使用这些标注工具可以进行线性标注、对齐标注、半径标注、直径标注、弧长标注、角度标注、基线标注、连续标注、引线标注等，而线性标注又分水平标注、垂直标注和旋转标注，如图 5-2 所示。

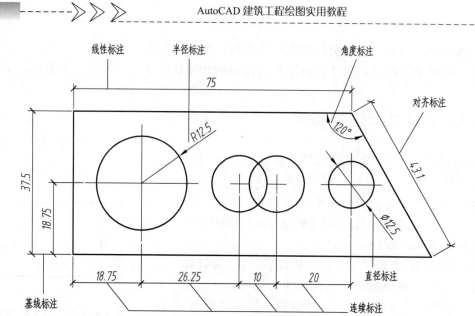

图 5-2　尺寸标注的类型

5.1.4　尺寸标注的步骤

一般来说，用户在对所建立的每个图形进行标注之前，均应遵守下面的基本过程：

首先在快速访问工具栏中选择【显示菜单栏】命令，然后进行如下设置：

（1）在菜单中选择【格式】→【图层】命令，显示【图层管理器】对话框，创建一个独立的图层。这是为了便于将来控制尺寸标注对象的显示与隐藏，使之与图形的其他信息分开。

（2）在菜单中选择【格式】→【文字样式】命令，显示【文字样式】对话框，创建一种文字样式，从而为尺寸标注文本建立专门的文本类型。

（3）在菜单中选择【格式】→【标注样式】命令或选择【标注】→【标注样式】命令，显示【标注样式管理器】对话框，通过该对话框设置尺寸线、尺寸界线、尺寸箭头、尺寸文字和公差等，用于尺寸标注。

（4）充分利用对象捕捉方法，以便快速拾取定义点，对所绘图形的各个部分进行尺寸标注。

5.2　创建尺寸标注样式

尺寸标注样式（简称标注样式）用于设置尺寸标注的具体格式，如尺寸文字采用的样式，尺寸线、尺寸界线以及尺寸箭头的标注设置等，以满足不同行业或不同国家的尺寸标注要求。

在 AutoCAD2010 中，使用标注样式可以控制标注的格式和外观，建立强制执行的绘图标准，并有利于对标注格式及用途进行修改。本节将着重介绍"标注样式管理器"对话框创建标注样式的方法。

5.2.1　新建标注样式

尺寸标注样式的创建，是由一组尺寸变量的合理设置来实现的。首先要打开"尺寸标注样式管理器"对话框，可采用下列方法之一：

（1）菜单：【格式】→【标注样式】或【标注】→【标注样式】。

（2）功能区选项卡：【常用】选项卡→【注释】面板→【标注样式】

或【注释】选项卡→【标注】面板→【标注样式】按钮。

（3）工具栏：【标注样式】按钮。

（4）命令：dimstyle

执行上述命令后，将弹出"标注样式管理器"对话框，如图 5-3 所示。

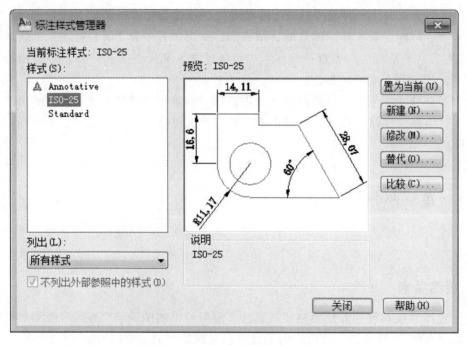

图 5-3　"标注样式管理器"对话框

在"标注样式管理器"对话框中，"当前标注样式"标签显示出当前标注样式的名称；"样式"列表框用于列出已有标注样式的名称；"列出"下拉列表框确定要在"样式"列表框中列出哪些标注样式；"预览"图片框用于预览在"样式"列表框中所选中标注样式的标注效果；"说明"标签框用于显示在"样式"列表框中所选定标注样式的说明；"置为当前"按钮把指定的标注样式置为当前样式；"新建"按钮用于创建新标注样式；"修改"按钮用于修改已有标注样式；"替代"按钮用于设置当前样式的替代样式；"比较"按钮用于对两个标注样式进行比较或了解某一样式的全部特性。若要删除某个尺寸样式，就先选择

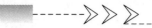

它，然后右键单击，在弹出的光标菜单中，选择"删除"命令，即可将该样式删除。

单击"新建"按钮，将弹出"创建新标注样式"对话框，如图5-4所示。

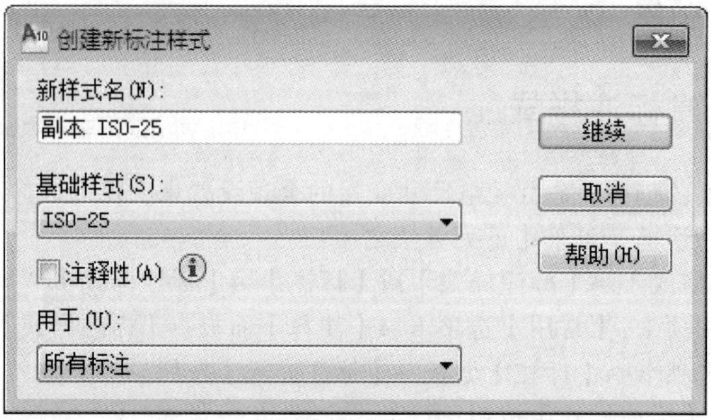

图 5-4　"创建新标注样式"对话框

在"创建新标注样式"对话框中，"新样式名"文本框指定新样式的名称；　"基础样式"下拉列表框确定一种基础样式，新样式将在该基础样式的基础上进行修改；"用于"下拉列表框，可确定新建标注样式的适用范围。下拉列表中有"所有标注"、"线性标注"、"角度标注"、"半径标注"、"直径标注"、"坐标标注"和"引线和公差"等选择项，分别用于使新样式适用于对应的标注。

设置了新样式的名称、基础样式和适用范围后，单击"继续"按钮，将弹出"新建标注样式"对话框，可以在其中设置标注中设置直线、符号和箭头、文字、单位等内容，如图5-5所示。

5.2.2　设置标注样式

在"新建标注样式"对话框中，有"线"、"符号和箭头"、"文字"、"调整"、"主单位"、"换算单位"和"公差"7个选项卡，下面分别给予介绍。

1. 线选项卡

用于置尺寸线和尺寸界线的格式与属性。前面给出的图为与"直线"选项卡对应的对话框。选项卡中，"尺寸线"选项组用于设置尺寸线的样式；"延伸线"选项组用于设置尺寸界线的样式。预览窗口可根据当前的样式设置显示出对应的标注效果示例。

（1）尺寸线。

在"尺寸线"选项组中，可以设置尺寸线的颜色、线宽、超出标记、基线间距等属性。

① "颜色"下拉列表框。用于设置尺寸线的颜色，在默认情况下，尺寸线的颜色随块。

② "线型"下拉列表框。用于设置尺寸线的线型，该选项没有对应的变量。

③ "线宽"下拉列表框。用于设置尺寸线的宽度，在默认情况下，尺寸线的线宽随块。

④ "超出标记"文本框。用于指定当箭头使用倾斜、建筑标记、积分和无标记的样式时，尺寸线超过延伸线的距离。若尺寸线两端是箭头，则此选项无效。

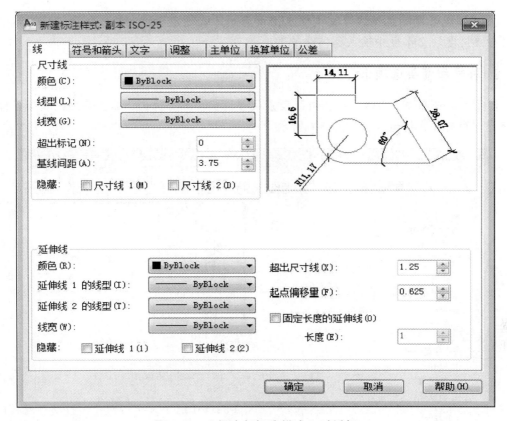

图 5-5 "新建新标注样式"对话框

⑤ "基线间距"文本框。用于设置基线标注的尺寸线之间的距离，输入距离。

⑥ "隐藏"选项组。"尺寸线 1" 和"尺寸线 2"复选框分别用于控制第一条或第二条尺寸线及相应箭头的可见性。（第一、第二条尺寸线与原始尺寸线长度一样，只是第一条尺寸线仅在靠近第一个选择点的端部带有箭头，而第二条尺寸线仅在靠近第二个选择点的端部带有箭头。）

（2）延伸线。

在"延伸线"选项组中，可以设置延伸线的颜色、线宽、超出尺寸线的长度和起点偏移量等属性。

① "颜色"下拉列表框。用于设置延伸线的颜色，在默认情况下，延伸线的颜色随块。

② "延伸线 1 的线型"和 "延伸线 2 的线型"下拉列表框。用于设置延伸线的线型，该选项没有对应的变量。

③ "线宽"下拉列表框。用于设置延伸线的宽度，在默认情况下，延伸线的线宽随块。

④ "隐藏"选项组。"延伸线 1"和"延伸线 2"复选框分别用于控制第一条或第二条延伸线的可见性。第一条延伸线由用户标注的第一个尺寸起点决定，当某条延伸线与图形轮廓线重合或与其他图形对象发生冲突时，就可以隐藏这条延伸线。

⑤ "超出尺寸线"文本框。用于设定延伸线超过尺寸线的距离。

⑥ "起点偏移量"文本框。用于设置延伸线相对于延伸线起点的偏移距离。通常应使延伸线与标注对象不发生接触，从而容易区分尺寸标注与被标注的对象。

⑦ "固定长度的延伸线"文本框。用于为延伸线制定固定的长度。选中该文本框，可以在"长度"文本框中输入延伸线的数值。

2. 符号和箭头选项卡

使用"符号和箭头"选项卡，可以设置尺寸箭头、圆心标记、弧长符号以及半径标注折弯等方面的格式与位置，如图 5-6 所示。

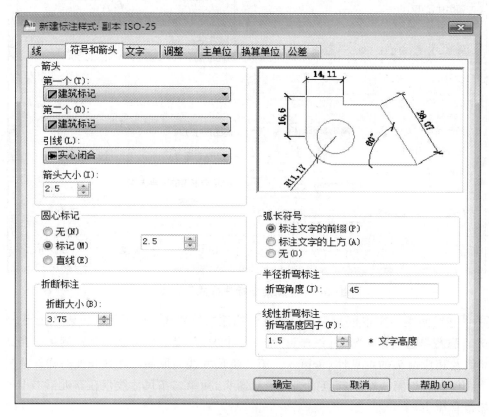

图 5-6 "符号和箭头"选项卡

（1）箭头。

"符号和箭头"选项卡中，"箭头"选项组用于确定尺寸线两端的箭头样式。

① "第一个"下拉列表框列出了常见的箭头形式，用于设置第一条尺寸线箭头的形式。

② "第二个"下拉列表框。

列出了常见的箭头形式，用于设置第二条尺寸线箭头的形式。

③ "引线"下拉列表框。

列出了尺寸线引线部分的形式，用于设置尺寸线引线的形式。

④ "箭头大小"文本框。

用于设置箭头的大小。

（2）圆心标记。

"圆心标记"选项组用于确定当对圆或圆弧执行标注圆心标记操作时，圆心标记的类型与大小。"选择"无"选项，则没有任何标记；选择"标记"选项，可以对圆或圆弧绘制圆心标记；选择"直线"选项，可以对圆或圆弧设置中心线。当选择"标记"或"直线"选项时，可以在"大小"文本框中设置圆心标记或中心线的大小。

（3）折断标注。

"折断标注"选项用于在尺寸线或延伸线与其他线重叠处打断尺寸线或延伸线时的尺寸。

（4）弧长符号。

"弧长符号"选项组用于为圆弧标注长度尺寸时的设置。"标注文字的前缀"选项是将弧长符号放在标注文字之前；"标注文字的上方"选项是将弧长符号放在标注文字的上方；"无"选项是不显示弧长符号。

（5）半径折弯标注。

在"半径折弯标注"文本框中，可以确定折弯半径标注中，尺寸线的横向线段的角度，通常用于标注尺寸的圆弧的中心点位于较远位置的情况。

（6）线性折弯标注。

在"折弯高度因子"文本框中，可以确定折弯标注打断时折弯线的高度大小，用于线性折弯标注设置。

3．文字选项卡

使用"文字"选项卡，可以设置尺寸文字的外观、位置以及对齐方式等，如图 5-7 所示。

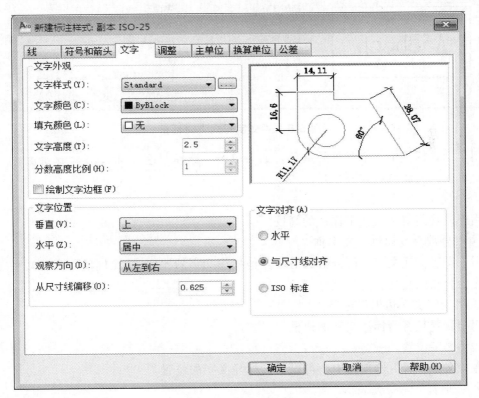

图 5-7 "文字"选项卡

（1）文字外观。

在"文字外观"选项组中，可以设置标注文字的格式和大小。

① "文字样式"下拉列表框。

用于设置标注文字所用的样式。单击后面的按钮，将打开文字样式对话框，可以选择文字样式或新建文字样式，如图 5-8 所示。

② "文字颜色"下拉列表框。

用于设置标注文字的颜色。如果单击"选择颜色"，将显示"选择颜色"对话框；也可以输入颜色名或颜色号。

③ "填充颜色"下拉列表框。

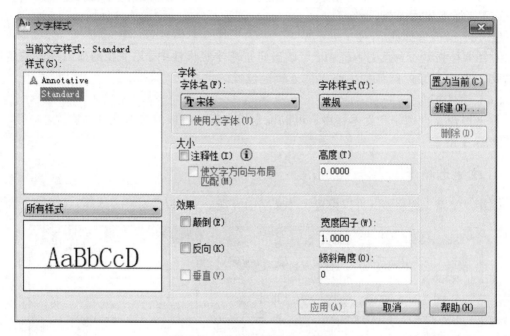

图 5-8　"文字样式"对话框

用于设置标注中文字背景的颜色。如果单击"选择颜色"，将显示"选择颜色"对话框；也可以输入颜色名或颜色号。

④ "文字高度"文本框。

用于设置当前标注文字样式的高度。

⑤ "分数高度比例"文本框。

用于设置标注文字中的分数相对于其他标注文字的比例，此比例值与标注文字高度的乘积作为分数的高度。

⑥ "绘制文字边框"选项。

用于设置是否给标注文字加边框。

（2）文字位置。

在"文字位置"选项组中，可以设置标注文字的位置。

① "垂直"下拉列表框。

用于设置标注文字相对尺寸线的垂直方向的位置。

② "水平"下拉列表框。

用于设置标注文字在尺寸线上相对于延伸线的水平方向的位置。

③ "观察方向"下拉列表框。

用于设置标注文字的观察方向。

④ "从尺寸线偏移"文本框。

用于设置标注文字与尺寸线之间的距离。如果标注文字位于尺寸线的中间，则表示断开出尺寸线端点与尺寸文字的间距。如果标注文字带有边框，则可以控制文字边框与其中文字的距离。

（3）文字对齐。

在 "文字对齐"选项组中，可以设置标注文字的方向。"水平"选项是使标注文字按水平线放置；"与尺寸线"对齐是使标注文字沿尺寸线方向放置；"ISO 标准"是使文字标注按 ISO 标准放置（当文字在延伸线内时，文字与尺寸线对齐；当文字在延伸线外时，文字水平排列）。

4. 调整选项卡

使用"调整"选项卡，可以设置尺寸文字、尺寸线以及尺寸箭头等的位置和其他一些特征，如图 5-9 所示。

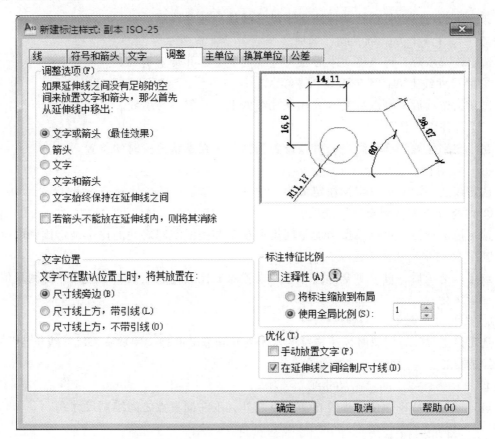

图 5-9　"调整"选项卡

（1）调整选项。

在"调整选项"选项组中，可以设置标注文字、尺寸线、尺寸箭头的位置。当尺寸界

线之间没有足够的空间同时放置尺寸文字和箭头时,用户可通过该选项组对先要移出的部分(文字或箭头)进行选择。

①"文字或箭头"选项。

该选项是按照最佳效果将文字或线箭头移到延伸线之外。

②"箭头"选项。

该选项是先将箭头移到延伸线以外,然后移动文字。

③"文字和箭头"选项。

该选项是将箭头和文字都移到延伸线以外。

④"文字始终保持在延伸线之间"选项。

该选项是始终将文字放置在延伸线之间。

⑤"若箭头不能放在延伸线之内,则将其消除"选项。

该选项延伸线内空间不足时,则不显示箭头。

(2)文字位置。

"文字位置"选项组确定当尺寸文字不在默认位置时,应将其放在何处。

①"尺寸线旁边"选项。

选定该选项后,只要移动标注文字尺寸线就会随之移动。

②"尺寸线上方,带引线"选项。

选定该选项后,可以将文本放在尺寸线的上方,并带上引线。

③"尺寸线上方,不带引线"选项。

选定该选项后,可以将文本放在尺寸线的上方,但不带引线。

(3)标注特征比例。

在"文字位置"选项组中,可以设置当文字不在默认位置时的位置。

①"注释性"选项。

选定该选项后,可以将标注定义为可注释性对象。

②"将标注缩放到布局"选项。

选定该选项后,可以根据当前空间模型视口和图纸空间之间的比例确定比例因子。

③"使用全局比例"选项。

选定该选项后,可以对全部尺寸标注设置缩放比例,该比例不改变尺寸的测量值。

(4)优化。

①"手动放置文字"选项。

选定该选项后,则忽略标注文字的水平对正设置,并把文字放在"尺寸线位置"提示下指定的位置。

②"在延伸线之间绘制尺寸线"选项。

选定该选项后,即使箭头放在测量点之外,也在测量点之间绘制尺寸线。

5. 主单位选项卡

使用"主单位"选项卡,可以设置主单位的格式、精度以及尺寸文字的前缀和后缀,如图 5-10 所示。

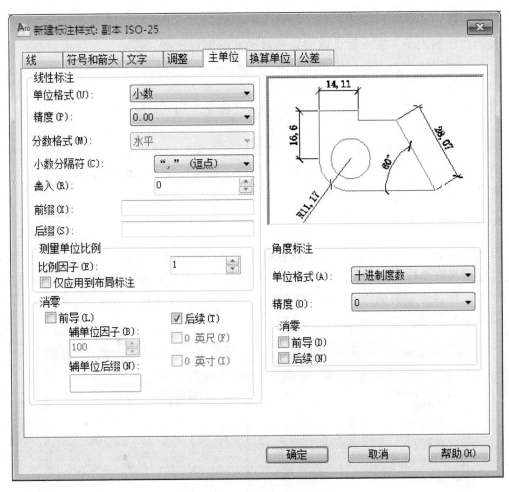

图 5-10 "主单位"选项卡

（1）线性标注。

在"线性标注"选项组中，可以设置线性标注的单位格式与精度。

① "单位格式"下拉列表框。

用于设置除角度标注之外的所有标注类型的单位格式，包括"科学"、"小数"、"工程"、"建筑"及"分数"等选项。

② "精度"下拉列表框。

用于设置标注文字中的小数位数。

③ "分数格式"下拉列表框。

当单位格式是分数时，用于设置分数的格式。

④ "小数分隔符"文本框。

当单位格式是小数时，用于设置小数的分隔符。

⑤ "舍入"文本框。

用于设置除角度标注之外的尺寸测量值的舍入规则。

⑥ "前缀"和"后缀"文本框。

用于设置标注文字的前缀和后缀，在相应的文本框中输入字符即可。

（2）测量单位比例。

使用"比例因子"文本框可以设置测量尺寸的缩放比例。选定"仅应用到布局标注"选项，可以设置该比例关系仅使用于布局。

（3）消零。

该选项组可以设置是否显示尺寸标注中的"前导"和"后续"零。

（4）角度标注。

在"角度标注"选项组中，"单位格式"下拉列表框可以设置标注角度的单位；"精度"下拉列表框可以设置标注角度的尺寸精度；"消零"选项可以设置是否消除角度尺寸的"前导"和"后续"零。

6. 换算单位选项卡

使用"换算单位"选项卡，用来设置换算尺寸单位的格式和精度，如图 5-11 所示。选定"显示换算单位"选项后，该选项组的其他选项才可用，在标注文字中，换算标注单位显示在主单位旁边的括号中。该选项组的各项操作与"主单位"选项卡的同类项基本相同，在此不再详述。

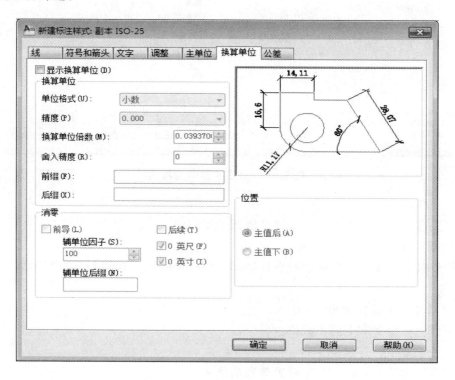

图 5-11　"换算单位"选项卡

7. 公差选项卡

使用"公差"选项卡，用于确定是否标注公差；如果标注公差，以何种方式进行标注，如图 5-12 所示。

在"公差格式"选项组中，可以设置公差的标注格式。

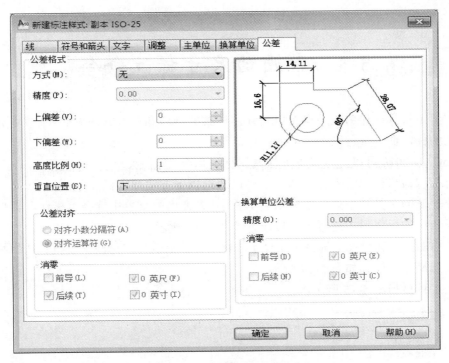

图 5-12 "公差"选项卡

（1）"方式"下拉列表框。

用于设置公差的标注格式，包括"无"、"对称"、"极限偏差"、"极限尺寸"及"基本尺寸"五个选项。"无"选项表示无公差标注；"对称"选项表示添加公差的正/负表达式，其中一个偏差量的值应用于标注测量值（标注后面将显示加号或减号。在"上偏差"中输入公差值）；"极限偏差"选项表示添加正/负公差表达式[不同的正公差和负公差值将应用于标注测量值。将在"上偏差"中输入的公差值前面显示正号（＋）；在"下偏差"中输入的公差值前面显示负号（－）]；"极限尺寸"选项表示创建极限标注（在此类标注中，将显示一个最大值和一个最小值，一个在上，另一个在下。最大值等于标注值加上在"上偏差"中输入的值，最小值等于标注值减去在"下偏差"中输入的值）；"基本尺寸"选项表示在尺寸数字上加一矩形框。

（2）"精度"下拉列表框。

用于设置公差值小数点后保留的位数。

（3）"上偏差"和"下偏差"文本框。

用于设置尺寸的上偏差、下偏差。

（4）"高度比例"文本框。

用于设置相对于标注文字的分数比例。比例确定后，将该比例因子与尺寸文字高度之积作为公差文字的高度。

（5）"垂直位置"下拉列表框。

用于设置公差文字相对于尺寸文字的位置。包括"上"、"中"、"下"三种方式。

（6）"换算单位公差"选项。

当标注换算单位时，可以设置换算单位精度和是否消零。

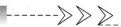
5.3 常用的尺寸标注命令

在了解了尺寸标注的相关概念以及标注样式的创建和设置方法以后,本节将介绍如何应用常用的标注命令进行图形尺寸的标注。

AutoCAD 2010 可以通过以下方法调用标注命令:标注菜单、注释选项卡 | 标注面板、标注工具栏和命令行中输入标注命令。可以通过以下方法弹出标注菜单:

在快速访问工具栏中选择【显示菜单栏】,在弹出的菜单中选择"标注"菜单即可,然后选择相应的标注形式进行尺寸标注,如图 5-13 所示。

在【功能区】选项板中选择【注释】选项卡,然后选择"标注"面板,选择相应的标注形式进行尺寸标注,如图 5-14 所示。

标注工具栏如图 5-15 所示。

图 5-13 "标注"菜单

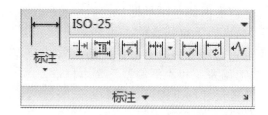

图 5-14 "标注"面板

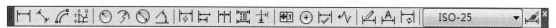

图 5-15 "标注"工具栏

常用的尺寸标注命令的介绍:

线性标注:DLI,*DIMLINEAR

对齐标注：DAL，*DIMALIGNED

连续标注：DCO，*DIMCONTINUE

基线标注：DBA，*DIMBASELINE

半径标注：DRA，*DIMRADIUS

直径标注：DDI，*DIMDIAMETER

角度标注：DAN，*DIMANGULAR

圆心标注：DCE，*DIMCENTER

编辑标注：DED，*DIMEDIT

标注样式：D，*DIMSTYLE

多重引线标注：MLS，*MLEADERSTYLE

替换标注系统变量：DOV，*DIMOVERRIDED，

5.3.1 长度型尺寸标注

长度型尺寸是工程图纸中最常见的尺寸标注形式，用于标注图形中两点间的长度。在 AutoCAD2010 中，长度型尺寸标注主要包括：线性标注、对齐标注、弧长标注、基线标注和连续标注等。

1. 线性标注

线性标注指标注图形对象在水平方向、垂直方向或指定方向的尺寸，又分为水平标注、垂直标注和旋转标注三种类型。水平标注用于标注对象在水平方向的尺寸，即尺寸线沿水平方向放置；垂直标注用于标注对象在垂直方向的尺寸，即尺寸线沿垂直方向放置；旋转标注则标注对象沿指定方向的尺寸。标注效果如图 5-16 所示。

单击"标注"工具栏上的"线性"按钮，即执行线性标注命令，AutoCAD 提示：

指定第一条尺寸界线原点或 <选择对象>：

在此提示下用户有两种选择，即确定一点作为第一条尺寸界线的起始点或直接按 Enter 键选择对象。以下分别做介绍：

（1）指定第一条尺寸界线原点。

如果在"指定第一条尺寸界线原点或 <选择对象>："提示下指定第一条尺寸界线的起始点，AutoCAD 提示：

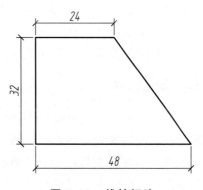

图 5-16 线性标注

指定第二条尺寸界线原点:（确定另一条尺寸界线的起始点位置）

指定尺寸线位置或

[多行文字（M）/文字（T）/角度（A）/水平（H）/垂直（V）/旋转（R）]：其中"指定尺寸线位置"选项用于确定尺寸线的位置。通过拖动鼠标的方式确定尺寸线的位

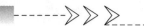

置后，单击拾取键，AutoCAD 根据自动测量出的两尺寸界线起始点间的对应距离值标注出尺寸。

"多行文字"选项用于根据文字编辑器输入尺寸文字；"文字"选项用于输入尺寸文字；"角度"选项用于确定尺寸文字的旋转角度；"水平"选项用于标注水平尺寸，即沿水平方向的尺寸；"垂直"选项用于标注垂直尺寸，即沿垂直方向的尺寸；"旋转"选项用于旋转标注，即标注沿指定方向的尺寸。

（2）<选择对象>。

如果在"指定第一条尺寸界线原点或<选择对象>："提示下直接按 Enter 键，即执行"选择对象"选项，AutoCAD 提示：

选择标注对象：

此提示要求用户选择要标注尺寸的对象。用户选择后，AutoCAD 将该对象的两端点作为两条尺寸界线的起始点，并提示：

指定尺寸线位置或

[多行文字（M）/文字（T）/角度（A）/水平（H）/垂直（V）/旋转（R）]：对此提示的操作与前面介绍的操作相同，用户响应即可。

2. 对齐标注

对齐标注是线性标注尺寸的一种特殊形式，是指所标注尺寸的尺寸线与两条尺寸界线起始点间的连线平行。对直线段进行标注时，如果该直线的倾斜角度未知，那么使用线性标注将无法得到准确的测量结果，这时可以使用对齐标注，方便地标注斜线、斜面的尺寸，如图 5-17 所示。

单击"标注"工具栏上的"对齐"按钮，即执行对齐标注命令，AutoCAD 提示：

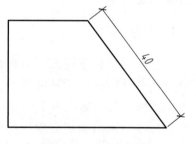

图 5-17   对齐标注

指定第一条尺寸界线原点或 <选择对象>：

在此提示下的操作与标注线性尺寸类似，不再介绍。

3. 弧长标注

弧长标注用于标注圆弧或多段线弧线段上的尺寸。默认情况下，弧长标注将显示一个圆弧符号，以便区分是线性标注还是弧长标注。

单击"标注"工具栏上的"弧长"按钮，即执行弧长标注命令，AutoCAD 提示：

选择弧线段或多段线弧线段：（选择圆弧段）

指定弧长标注位置或[多行文字（M）/文字（T）/角度（A）/部分（P）/引线（L）]：

当指定了尺寸线的位置以后，系统将按实际测量值标注出圆弧的长度；也可以利用"多行文字（M）"、"文字（T）"或"角度（A）"选项，确定尺寸文字或尺寸文字的旋转角度。另外，如果选择"部分（P）"选项，可以标注选定圆弧某一部分的弧长。标注效果如图5-18所示。

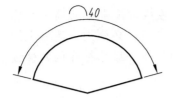

图 5-18 弧长标注示例

4. 基线标注

基线标注指各尺寸线从同一条尺寸界线处引出，可以创建一系列由相同的标注原点测量出来的标注。基线标注可以满足在绘图时，需要以某一面为基准，其他尺寸都按该基准进行定位的要求。与其他标注方法不同的是，在进行基线标注之前必须先创建一个线性、坐标或角度标注作为基准书标注，然后再用基线标注命令标注其他的尺寸。标注效果如图5-19 所示。

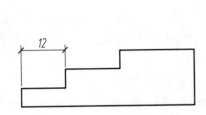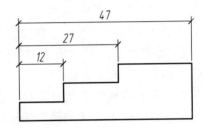

图 5-19 创建水平线性标注和基线标注

单击"标注"工具栏上的"基线"按钮，即执行基线标注命令，AutoCAD 提示：

指定第二条尺寸界线原点或[放弃（U）/选择（S）]<选择>：

（1）指定第二条尺寸界线原点。

确定下一个尺寸的第二条尺寸界线的起始点。确定后 AutoCAD 按基线标注方式标注出尺寸，而后继续提示：

指定第二条尺寸界线原点或[放弃（U）/选择（S）]<选择>：

此时可再确定下一个尺寸的第二条尺寸界线起点位置。用此方式标注出全部尺寸后，在同样的提示下按 Enter 键或 Space 键，结束命令的执行。

（2）选择（S）。

该选项用于指定基线标注时作为基线的尺寸界线。执行该选项，AutoCAD 提示：

选择基准标注：

在该提示下选择尺寸界线后，AutoCAD 继续提示：

指定第二条尺寸界线原点或[放弃（U）/选择（S）]<选择>：

在该提示下标注出的各尺寸均从指定的基线引出。执行基线尺寸标注时，有时需要先执行"选择（S）"选项来指定引出基线尺寸的尺寸界线。

5. 连续标注

连续标注指在标注出的尺寸中，相邻两尺寸线共用同一条尺寸界线，可以创建一系

列端对端放置的线性、角度或坐标标注，每个连续标注都要从前一个标注的第二个延伸线处开始。与基线标注一样，在进行连续标注之前，必须先创建一个线性、角度或坐标标注作为基准标注，以确定连续标注所需要的前一个尺寸标注的延伸线。标注效果如图5-20所示。

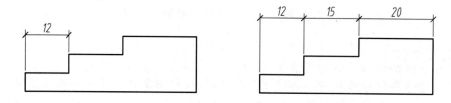

图 5-20　水平线性标注和连续标注

单击"标注"工具栏上的"连续"按钮，即执行连续标注命令，AutoCAD提示：

指定第二条尺寸界线原点或 [放弃（U）/选择（S）]<选择>：

（1）指定第二条尺寸界线原点。

确定下一个尺寸的第二条尺寸界线的起始点。用户响应后，AutoCAD按连续标注方式标注出尺寸，即把上一个尺寸的第二条尺寸界线作为新尺寸标注的第一条尺寸界线标注尺寸，而后AutoCAD继续提示：

指定第二条尺寸界线原点或 [放弃（U）/选择（S）]<选择>：

此时可再确定下一个尺寸的第二条尺寸界线的起点位置。当用此方式标注出全部尺寸后，在上述同样的提示下按Enter键或Space键，结束命令的执行。

（2）选择。

该选项用于指定连续标注将从哪一个尺寸的尺寸界线引出。执行该选项，AutoCAD提示：

选择连续标注：

在该提示下选择尺寸界线后，AutoCAD会继续提示：

指定第二条尺寸界线原点或[放弃（U）/选择（S）]<选择>：

在该提示下标注出的下一个尺寸会以指定的尺寸界线作为其第一条尺寸界线。执行连续尺寸标注时，有时需要先执行"选择（S）"选项来指定引出连续尺寸的尺寸界线。

5.3.2　半径、直径和圆心标注

径向尺寸是工程制图中另一种较常见的尺寸标注形式，包括标注半径尺寸和标注直径尺寸。在AutoCAD2010中，可以使用"半径"、"直径"、"圆心"命令，标注圆或圆弧的半径尺寸、直径尺寸及圆心位置。

1. 半径标注

使用"半径标注"可以标注圆或圆弧的半径。

单击"标注"工具栏上的"半径"按钮，即执行半径标注命令，AutoCAD提示：

选择圆弧或圆：（选择要标注半径的圆弧或圆）

指定尺寸线位置或 [多行文字（M）/文字（T）/角度（A）]：

当指定了尺寸线的位置后，系统将按实际测量值标注出圆或圆弧的半径。也可以利用多行文字（M）、文字（T）、角度（A）选项，确定尺寸文字或尺寸文字的旋转角度。其中，通过多行文字（M）、文字（T）选项重新确定尺寸文字时，只有给输入的尺寸文字前加前缀 R，才能使标出的半径尺寸有半径符号 R，否则没有该符号。半径标注如图 5-21 所示。

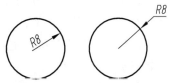

图 5-21　半径标注示例

2. 折弯标注

使用"折弯标注"可以为圆或圆弧创建折弯标注。该标注方式与半径标注方法基本相同，但需要指定一个位置代替圆或圆弧的圆心，如图 5-22 所示。

单击"标注"工具栏上的"折弯"按钮，即执行折弯标注命令，AutoCAD 提示：

选择圆弧或圆：（选择要标注尺寸的圆弧或圆）

指定中心位置替代：（指定折弯半径标注的新中心点，以替代圆弧或圆的实际中心点）

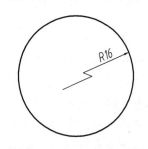

图 5-22　折弯标注示例

指定尺寸线位置或 [多行文字（M）/文字（T）/角度（A）]：（确定尺寸线的位置，或进行其他设置）

指定折弯位置：（指定折弯位置）

3. 直径标注

使用"直径标注"可以为圆或圆弧标注直径尺寸，如图 5-23 所示。

单击"标注"工具栏上的"直径"按钮，即执行直径标注命令，AutoCAD 提示：

选择圆弧或圆：（选择要标注直径的圆或圆弧）

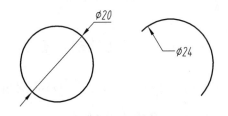

图 5-23　直径标注示例

指定尺寸线位置或 [多行文字（M）/文字（T）/角度（A）]：

如果在该提示下直接确定尺寸线的位置，AutoCAD 按实际测量值标注出圆或圆弧的直径。也可以通过"多行文字（M）"、"文字（T）"以及"角度（A）"选项确定尺寸文字和尺寸文字的旋转角度。其中，当通过"多行文字（M）"、"文字（T）"选项确定尺寸文字时，需要在尺寸文字前加前缀%%C，才能使标注的直径尺寸有直径符号 ϕ。

4. 圆心标记

使用"圆心标记"可为圆或圆弧绘制圆心标记或中心线。

单击"标注"工具栏上的"圆心标记"按钮，即执行圆心标注命令，AutoCAD 提示：

选择圆弧或圆：

在该提示下选择圆弧或圆即可。

圆心标记的形式可以由系统变量 DIMCEN 设置。当该变量的值大于 0 时，作圆心标记，且该值是圆心标记线长度的一半；当变量的值小于 0 时，画出中心线，且该值是圆心处小十字线长度的一半。标注效果如图 5-24 所示。

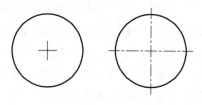

图 5-24　圆心标记示例

5.3.3　角度标注

在 AutoCAD 2010 中，除了前面介绍的几种常用尺寸标注外，还可以使用角度标注，测量两条直线间的角度、圆和圆弧的角度或者三点之间的角度，如图 5-25 所示。

单击"标注"工具栏上的"角度"按钮，即执行角度标注命令，AutoCAD 提示：

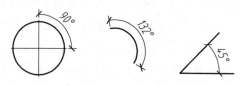

图 5-25　角度标注示例

选择圆弧、圆、直线或 <指定顶点>：

在该提示下，可以选择需要标注的对象，其功能说明如下：

标注圆弧角度：当选择圆弧时，命令行显示：

指定标注弧线位置或 [多行文字（M）/文字（T）/角度（A）]：

此时，如果直接确定标注弧线的位置，AutoCAD 会按实际测量值标注角度。也可以使用[多行文字（M）/文字（T）/角度（A）]选项，设置尺寸文字和它的旋转角度。

5.3.4　多重引线标注

使用"多重引线标注"可以创建引线和注释以及设置引线和注释的样式。

1. 新建多重引线样式

用户可以设置多重引线的样式，命令：MLEADERSTYLE。

单击"多重引线"工具栏上的（多重引线样式）按钮或执行 MLEADERSTYLE 命令，AutoCAD 打开"多重引线样式管理器"对话框，如图 5-26 所示。

对话框中，"当前多重引线样式"用于显示当前多重引线样式的名称；"样式"列表框用于列出已有的多重引线样式的名称；"列出"下拉列表框用于确定要在"样式"列表框中列出哪些多重引线样式；"预览"图像框用于预览在"样式"列表框中所选中的多重引线样式的标注效果；"置为当前"按钮用于将指定的多重引线样式设为当前样式；"新建"按钮用于创建新多重引线样式。

单击"新建"按钮，AutoCAD 打开图 5-27 所示的"创建新多重引线样式"对话框。

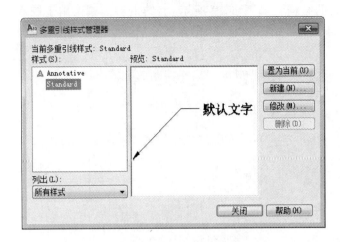

图 5-26　"多重引线样式管理器"对话框　　图 5-27　"创建新多重引线样式"对话框

用户可以通过对话框中的"新样式名"文本框指定新样式的名称；通过"基础样式"下拉列表框确定用于创建新样式的基础样式。确定新样式的名称和相关设置后，单击"继续"按钮，AutoCAD 打开对应的对话框，如图 5-28 所示。

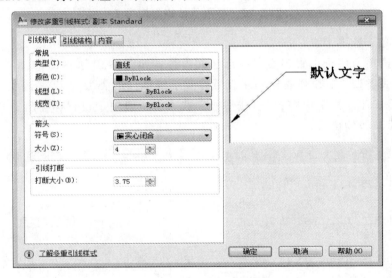

图 5-28　"修改新多重引线样式"对话框

2. 设置多重引线样式

在"修改多重引线样式"对话框中，有"引线格式"、"引线结构"、"内容"3 个选项卡，下面分别给予介绍。

（1）"引线格式"选项卡。

"引线格式"选项卡用于设置引线的格式。"基本"选项组用于设置引线的外观；"箭头"选项组用于设置箭头的样式与大小；"引线打断"选项用于设置引线打断时的距离值。预览框用于预览对应的引线样式。

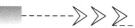

（2）"引线结构"选项卡。

"引线结构"选项卡用于设置引线的结构，如图 5-29 所示。"约束"选项组用于控制多重引线的结构；"基线设置"选项组用于设置多重引线中的基线；"比例"选项组用于设置多重引线标注的缩放关系。

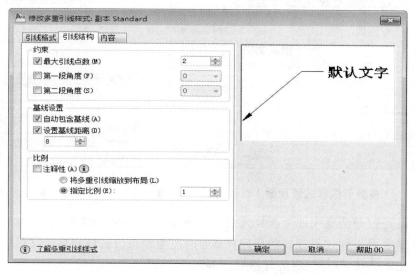

图 5-29 "引线结构"选项卡

（3）"内容"选项卡。

"内容"选项卡用于设置多重引线标注的内容，如图 5-30 所示。

"多重引线类型"下拉列表框用于设置多重引线标注的类型；"文字选项"选项组用于设置多重引线标注的文字内容；"引线连接"选项组一般用于设置标注出的对象沿垂直方向相对于引线基线的位置。

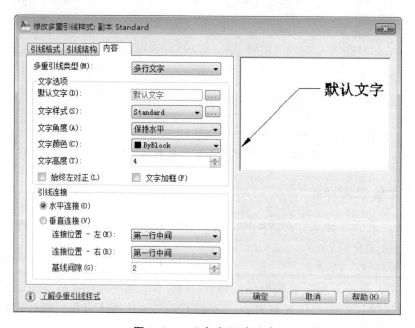

图 5-30 "内容"选项卡

3. 多重引线标注

命令：MLEADER

单击"多重引线"工具栏上的"多重引线"按钮，即执行多重引线标注命令，AutoCAD 提示：

指定引线箭头的位置或 [引线基线优先（L）/内容优先（C）/选项（O）] <选项>：

提示中，"指定引线箭头的位置"选项用于确定引线的箭头位置；"引线基线优先（L）"和"内容优先（C）"选项分别用于确定将首先确定引线基线的位置还是首先确定标注内容，用户根据需要选择即可；"选项（O）"项用于多重引线标注的设置，执行该选项，AutoCAD 提示：

输入选项[引线类型（L）/引线基线（A）/内容类型（C）/最大节点数（M）/第一个角度（F）/第二个角度（S）/退出选项（X）] <内容类型>：

其中，"引线类型（L）"选项用于确定引线的类型；"引线基线（A）"选项用于确定是否使用基线；"内容类型（C）"选项用于确定多重引线标注的内容（多行文字、块或无）；"最大节点数（M）"选项用于确定引线端点的最大数量；"第一个角度（F）"和"第二个角度（S）"选项用于确定前两段引线的方向角度。

执行多重引线命令后，如果在"指定引线箭头的位置或 [引线基线优先（L）/内容优先（C）/选项（O）] <选项>："提示下指定一点，即指定引线的箭头位置后，AutoCAD 提示：

指定下一点或 [端点（E）] <端点>：（指定点）

指定下一点或 [端点（E）] <端点>：

在上述提示下依次指定各点，然后按 Enter 键，AutoCAD 弹出文字编辑器。

通过文字编辑器输入对应的多行文字后，单击"文字格式"工具栏上的"确定"按钮，即可完成引线标注。

5.4　编辑尺寸

尺寸标注的各个组成部分，比如文字的大小、文字的位置、旋转角度以及箭头的形式等，都可以通过调整尺寸样式进行修改。

1. 修改尺寸文字

修改已有尺寸的尺寸文字，命令：DDEDIT。

执行 DDEDIT 命令，AutoCAD 提示：

选择注释对象或[放弃（U）]：

在该提示下选择尺寸，AutoCAD 弹出"文字格式"工具栏，并将所选择尺寸的尺寸文字设置为编辑状态，用户可直接对其进行修改，如修改尺寸值、修改或添加公差等。

2. 修改尺寸文字的位置

修改已标注尺寸的尺寸文字的位置，命令：DIMTEDIT。

单击"标注"工具栏上的（编辑文字标注）按钮，即执行 DIMTEDIT 命令，AutoCAD 提示：

选择标注：（选择尺寸）

指定标注文字的新位置或 [左（L）/右（R）/中心（C）/默认（H）/角度（A）]:

提示中，"指定标注文字的新位置"选项用于确定尺寸文字的新位置，通过鼠标将尺寸文字拖动到新位置后单击拾取键即可；"左（L）"和"右（R）"选项仅对非角度标注起作用，它们分别决定尺寸文字是沿尺寸线左对齐还是右对齐；"中心（C）"选项可将尺寸文字放在尺寸线的中间；"默认（H）"选项将按默认位置、方向放置尺寸文字；"角度（A）"选项可以使尺寸文字旋转指定的角度。

3. 用 DIMEDIT 命令编辑尺寸

DIMEDIT 命令用于编辑已有尺寸。利用"标注"工具栏上的（编辑标注）按钮可启动该命令。执行 DIMEDIT 命令，AutoCAD 提示：

输入标注编辑类型 [默认（H）/新建（N）/旋转（R）/倾斜（O）]<默认>:

其中，"默认"选项会按默认位置和方向放置尺寸文字；"新建"选项用于修改尺寸文字；"旋转"选项可将尺寸文字旋转指定的角度；"倾斜"选项可使非角度标注的尺寸界线旋转一角度。

4. 翻转标注箭头

通过"翻转标注箭头"，更改尺寸标注上每个箭头的方向。具体操作是：首先，选择要改变方向的箭头；然后右击，从弹出的快捷菜单中选择"翻转箭头"命令，即可实现尺寸箭头的翻转。

5. 调整标注间距

通过"调整标注间距"用户可以调整平行尺寸线之间的距离，命令：DIMSPACE。

单击"标注"工具栏中的"等距标注"按钮或选择菜单命令"标注"→"标注间距"，AutoCAD 提示：

选择基准标注：（选择作为基准的尺寸）

选择要产生间距的标注：（依次选择要调整间距的尺寸）

选择要产生间距的标注：✓

输入值或 [自动（A）]<自动>:

如果输入距离值后按 Enter 键，AutoCAD 调整各尺寸线的位置，使它们之间的距离值为指定的值。如何直接按 Enter 键，AutoCAD 会自动调整尺寸线的位置。

6. 折弯线性

折弯线性指将折弯符号添加到尺寸线中，命令：DIMJOGLINE。

单击"标注"工具栏中的"折弯线性"按钮或选择菜单命令"标注"→"折弯线性"，AutoCAD 提示：

选择要添加折弯的标注或 [删除（R）]：（选择要添加折弯的尺寸。"删除（R）"选项用于删除已有的折弯符号）

指定折弯位置（或按 Enter 键）：

通过拖动鼠标的方式确定折弯的位置。

7. 折断标注

折断标注指在标注或延伸线与其他线重叠处打断标注或延伸线，命令：DIMBREAK。

单击"标注"工具栏中的"折断标注"按钮或选择菜单命令"标注"→"标注打断"，AutoCAD 提示：

选择标注或[多个（M）]：（选择尺寸。可通过"多个（M）"选项选择多个尺寸）

选择要打断标注的对象或 [自动（A）/恢复（R）/手动（M）] <自动>：

根据提示操作即可。

5.5 标注文字与创建表格

文字对象是 AutoCAD 图形中很重要的图形元素，是机械制图和工程制图中不可缺少的组成部分。在一个完整的图样中，通常都包含一些文字注释来标注图样中的一些非图形信息。另外，在 AutoCAD 2010 中，使用表格功能可以创建不同类型的表格，还可以在其他软件中复制表格，以简化制图操作。

5.5.1 定义文字样式

AutoCAD 图形中的文字是根据当前文字样式标注的。文字样式说明所标注文字使用的字体以及其他设置，如字高、字颜色、文字标注方向等。AutoCAD 2010 为用户提供了默认文字样式 STANDARD。当在 AutoCAD 中标注文字时，如果系统提供的文字样式不能满足国家制图标准或用户的要求，则应首先定义文字样式。定义文字样式命令：STYLE。

单击对应的工具栏按钮或选择"格式"→"文字样式"命令，即执行 STYLE 命令，AutoCAD 弹出"文字样式"对话框，如图 5-31 所示。

1. 设置样式名

在【文字样式】对话框中可以显示文字样式的名称、创建新的文字样式、为已有的文字样式重命名以及删除文字样式。该对话框中部分选项含义如下：

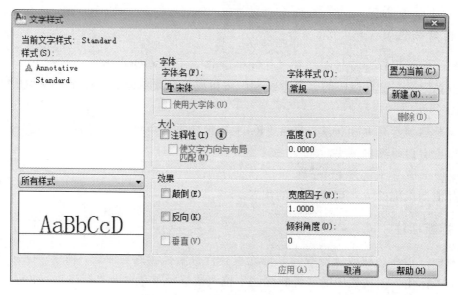

图 5-31 "文字样式"对话框

【样式】列表：列出了当前可以使用的文字样式，默认文字样式为 Standard（标准）。

【置为当前】按钮：单击该按钮，可将选择的文字样式设置为当前的文字样式。

【新建】按钮：单击该按钮，AutoCAD 将打开【新建文字样式】对话框。在该对话框的【样式名】文本框中输入新建文字样式名称后，单击【确定】按钮，可以创建新的文字样式，新建文字样式将显示在【样式】列表框中。

2. 设置字体和大小

【文字样式】对话框的【字体】选项区域用于设置文字样式使用的字体属性。其中，【字体名】下拉列表框用于选择字体；【字体样式】下列表框用于选择字体格式，如斜体、粗体和常规字体等。选中【使用大字体】复选框，【字体样式】下拉列表框变为【大字体】下拉列表框，用于选择大字体文件。

【大小】选项区域用于设置文字样式使用的字高属性；【高度】文本框用于设置文字的高度。如果将文字的高度设为 0，在使用 TEXT 命令标注文字时，命令行将显示【指定高度：】提示，要求指定文字的高度。如果在【高度】文本框中输入了文字高度，AutoCAD 将按此高度标注文字，而不再提示指定高度。选中【注释性】复选框，文字将被定义成可注释性的对象。

3. 设置文字效果

在【文字样式】对话框的【效果】选项区域中，可以设置文字的显示效果，如下：

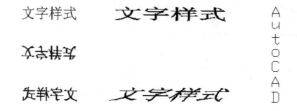

4. 预览与应用文字样式

在【文字样式】对话框的【预览】选项区域中，可以预览所选择或所设置的文字样式效果。

设置完文字样式后，单击【应用】按钮即可应用文字样式，然后单击【关闭】按钮，关闭【文字样式】对话框 。

5.5.2 标注文字

注写文字较少时可以使用单行文字，注写较多的文字时可以使用多行文字。

1. 创建单行文字

在 AutoCAD2010 中，使用"文字"工具栏或"注释"选项板中的"文字"面板都可以创建和编辑文字，对单行文字来说，每一行都是一个单独的文字对象，因此，可以用来创建文字内容比较简短的文字对象，并可以对其进行单独修改。文字工具栏如图 5-32 所示。

图 5-32 "文字"工具栏

单击"文字"工具栏中的"单行文字"按钮或选择"绘图"→"文字"→"单行文字"命令，可以在图形中创建文字对象，即执行 DTEXT 命令，AutoCAD 提示：

当前文字样式：Standard 当前文字高度：2.5000

指定文字的起点或 [对正（J）/样式（S）]：

第一行提示信息说明当前文字样式以及字高。第二行中，"指定文字的起点"选项用于确定文字行的起点位置。用户响应后，AutoCAD 提示：

指定高度：（输入文字的高度值）

指定文字的旋转角度 <0>：（输入文字行的旋转角度）

而后，AutoCAD 在绘图屏幕上显示出一个表示文字位置的方框，用户在其中输入要标注的文字后，按两次 Enter 键，即可完成文字的标注。

另外，在"指定文字的起点或 [对正（J）/样式（S）]："提示信息后输入 J，可以设置文字的对正方式。AutoCAD 提示：

[对齐（A）/布满（F）/居中（C）/中间（M）/右对齐（R）/左上（TL）/中上（TC）/右上（TR）/左中（ML）/正中（MC）/右中（MR）/左下（BL）/中下（BC）/右下（BR）]：

其中，对齐（A）：要求确定所标注文字进行基线的始点与终点位置。

布满（F）：要求用户确定文字行基线的始点、终点位置以及文字的字高。

居中（C）：要求确定一点，并把该点作为所标注文字行基线的中点，即所输入的文字的基线将以该点居中对齐。

中间（M）：要求确定一点，并把该点作为所标注文字行的中间点，即以该点作为文字行在水平、垂直方向上的中点。

右对齐（R）：要求确定一点，并把该点作为文字行基线的右端点。

左上（TL）、中上（TC）、右上（TR）：将已确定点作为文字行顶线的始点、中点和终点。

左中（ML）、正中（MC）、右中（MR）：将已确定点作为文字行中线的始点、中点和终点。

左下（BL）、中下（BC）、右下（BR）：将已确定点作为文字行底线的始点、中点和终点。

在"指定文字的起点或 [对正（J）/样式（S）]："提示信息后输入 S，可以设置当前使用的文字样式。

2. 创建多行文字

"多行文字"又称为段落文字，是一种易于管理的文字对象，可以由两行以上的文字组成，无论文字有多少行，每段文字构成一个单元，可以对其进行移动、旋转、删除、复制等编辑操作。

单击"文字"工具栏中的"多行文字"按钮或选择"绘图"→"文字"→"多行文字"命令，AutoCAD 提示：

指定第一角点：

指定对角点或[高度（H）/对正（J）/行距（L）/旋转（R）/样式（S）/宽度（W）/栏（C）]

高度（H）：用于确定标注文字框的高度，可以拾取一点，该点与第一角点的距离即为文字的高度，或在命令行中输入高度值。

对正（J）：用于确定文字的排列方式。

行距（L）：为多行文字对象制定行与行之间的距离。

旋转（R）：确定文字倾斜角度。

样式（S）：确定文字字体样式。

宽度（W）：用来确定标注文字的宽度。

设置好各选项后，系统提示"指定对角点"，可标注文字框的另一个对角点，将弹出多行文字编辑器，在这两点形成的矩形区域中进行文字标注，如图 5-33 所示。

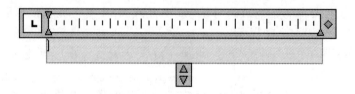

图 5-33　多行文字编辑器

在文字编辑器的上方有"文字格式"工具栏，如图 5-34 所示，可以通过该对话框中的各项控制文字字符格式。可以设置文字的"字体"、"字高"、"粗体"、"斜体"、"下划线"等选项，用户设置完成后，单击"确定"按钮，多行文字创建完毕。

图 5-34 "文字格式"对话框

5.5.3 编辑文字

一般来讲，文字编辑应涉及两个方面，即修改文字内容和文字特性。

1. 编辑单行文字

编辑单行文字包括编辑文字的内容、对正方式及缩放比例，在菜单中选择"修改"→"对象"→"文字"子菜单中的命令进行设置。各命令的功能如下：

编辑命令：选择该命令，然后在绘图窗口中单击需要编辑的单行文字，进入文字编辑状态，可以重新输入文本内容。

比例命令：输入缩放的基点以及指定文字的新高度、匹配对象或缩放比例。

对正命令：选择该命令，然后在绘图窗口中单击需要编辑的单行文字，此时可以设置文字的对正方式。

2. 编辑多行文字

要编辑创建的多行文字，可在菜单中选择"修改"→"对象"→"文字"→"编辑"命令或"文字"工具栏中单击"编辑"按钮，选择创建的多行文字，打开多行文字编辑器窗口，参照多行文字的设置方法，修改并编辑文字。

也可在绘图窗口中双击输入的多行文字，或在输入的多行文字上右击，在弹出的快捷菜单中选择"编辑多行文字"命令，打开多行文字编辑窗口。

5.5.4 创建表格

在 AutoCAD2010 中，可以使用创建表格命令创建表格，还可以从中直接复制表格，并将其作为 AutoCAD 表格对象粘贴到图形中，也可以外部直接导入表格对象。另外，还可以输出来自 AutoCAD 的表格数据，以供在 Microsoft Excel 或其他程序中使用。

1. 新建表格样式

单击"样式"工具栏上的"表格样式"按钮，或选择"格式"→"表格样式"命令，即执行 TABLESTYLE 命令，AutoCAD 弹出"表格样式"对话框，如图 5-35 所示。

"样式"列表框中列出了满足条件的表格样式；"预览"图片框中显示出表格的预览图像；"置为当前"和"删除"按钮分别用于将在"样式"列表框中选中的表格样式置为当前样式、删除选中的表格样式；"新建"、"修改"按钮分别用于新建表格样式、修改已有的表格样式。

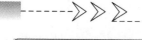
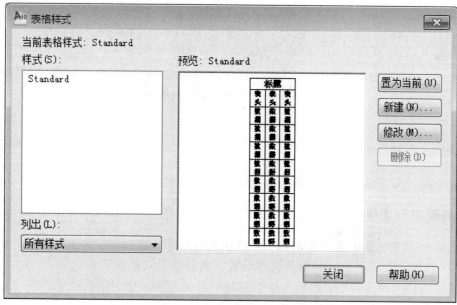

图 5-35 "表格样式"对话框

如果单击"表格样式"对话框中的"新建"按钮，AutoCAD 弹出"创建新的表格样式"对话框，如图 5-36 所示。

图 5-36 "创建新的表格样式"对话框

通过对话框中的"基础样式"下拉列表选择基础样式，并在"新样式名"文本框中输入新样式的名称后，单击"继续"按钮，AutoCAD 弹出"新建表格样式"对话框，如图 5-37 所示。

"新建表格样式"对话框中，左侧有起始表格、表格方向下拉列表框和预览图像框三部分。其中，起始表格用于使用户指定一个已有表格作为新建表格样式的起始表格。表格方向列表框用于确定插入表格时的表方向，有"向下"和"向上"两个选择，"向下"表示创建由上而下读取的表，即标题行和列标题行位于表的顶部；"向上"则表示将创建由下而上读取的表，即标题行和列标题行位于表的底部。图像框用于显示新创建表格样式的表格预览图像。

"新建表格样式"对话框的右侧有"单元样式"选项组等，用户可以通过对应的下拉列表确定要设置的对象，即在"数据"、"标题"和"表头"之间进行选择。

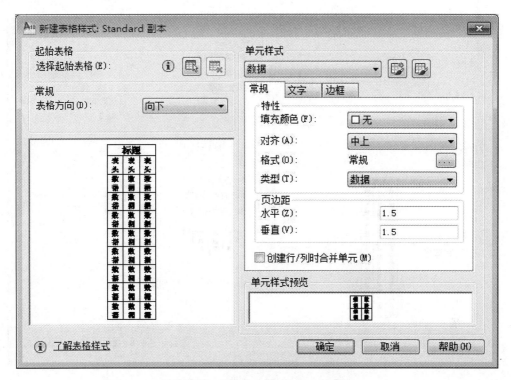

图 5-37　"新建表格样式"对话框

选项组中，"常规"、"文字"和"边框"3 个选项卡分别用于设置表格中的基本内容、文字和边框。"常规"选项卡，用于设置表格的填充颜色、对齐方向、格式、类型及页边距等特性；"文字"选项卡，用于设置表格单元中的文字样式、高度、颜色和角度等特性；"边框"选项卡，可以设置表格的边框是否存在，当表格有边框时，还可以设置表格的线宽、线型、颜色和间距等特性。

完成表格样式的设置后，单击"确定"按钮，AutoCAD 返回到 "表格样式"对话框，并将新定义的样式显示在"样式"列表框中。单击该对话框中的"确定"按钮关闭对话框，完成新表格样式的定义。

2. 创建表格

单击"绘图"工具栏上的"表格"按钮或选择"绘图"→"表格"命令，即执行 TABLE 命令，AutoCAD 弹出"插入表格"对话框，如图 5-38 所示。

此对话框用于选择表格样式，设置表格的有关参数。其中，"表格样式"选项用于选择所使用的表格样式；"插入选项 "选项组用于确定如何为表格填写数据；预览框用于预览表格的样式；"插入方式"选项组设置将表格插入到图形时的插入方式；"列和行设置"选项组则用于设置表格中的行数、列数以及行高和列宽；"设置单元样式"选项组分别设置第一行、第二行和其他行的单元样式。

通过"插入表格"对话框确定表格数据后，单击"确定"按钮，而后根据提示确定表格的位置，即可将表格插入到图形，且插入后 AutoCAD 弹出"文字格式"工具栏，并将表格中的第一个单元格醒目显示，此时就可以向表格输入文字，如图 5-39 所示。

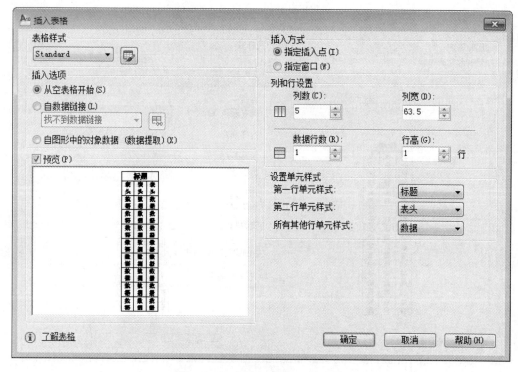

图 5-38　"插入表格"对话框

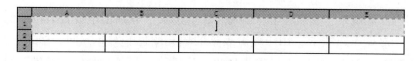

图 5-39　处于编辑状态的表格

在表格上面有"文字格式"对话框，可以设置表格中文字的"字体"、"字高"、"粗体"、"斜体"等。

3. 编辑表格和表格单元

在 AutoCAD2010 中，还可以使用表格的快捷菜单编辑表格。

（1）编辑表格。

从表格的快捷菜单中可以看到，可以对表格进行剪切、复制、删除、移动、缩放和旋转等简单操作，还可以均匀调整表格的行、列大小，删除所有特性替代。当选择"输出"命令时，还可以打开"输出数据"对话框。

当选中表格后，在表格的四周、标题行上将显示许多夹点，也可以通过拖动这些夹点来编辑表格。

（2）编辑表格单元。

使用表格单元快捷菜单可以编辑表格单元，其主要命令选项的功能如下：

对齐命令：在该命令子菜单中，可以选择表格单元的对齐方式。

边框命令：选择该命令，可打开"单元边框特性"对话框，可以设置边框单元格边框的线宽、颜色等。

匹配单元命令：用当前选中的表格单元格式匹配其他表格单元。

插入点命令：选择该命令的子命令，可以从中选择插入到表格中的块、字段和公式。

合并命令：当选中多个连续的单元格后，使用该子菜单的命令，可以全部按列或按行合并表格单元。

本章小结

本章介绍了 AutoCAD 2010 的标注尺寸功能、文字标注功能和表格功能。如果 AutoCAD 提供的尺寸标注样式不能满足标注要求，那么在标注尺寸之前，应首先设置标注样式。当以某一样式标注尺寸时，应将该样式置为当前样式。AutoCAD 将尺寸标注分为线性标注、对齐标注、直径标注、半径标注、连续标注、基线标注和引线标注等多种类型。标注尺寸时，首先应清楚要标注尺寸的类型，然后执行对应的命令，再根据提示操作即可。文字是工程图中必不可少的内容。AutoCAD 2010 提供了用于标注文字的 DTEXT 命令和 MTEXT 命令。利用 AutoCAD 2010 的表格功能，用户可以基于已有的表格样式，通过指定表格的相关参数（如行数、列数等）将表格插入到图形中；可以通过快捷菜单编辑表格。同样，插入表格时，如果当前已有的表格样式不符合要求，则应首先定义表格样式。

习题与实训

1. 按照下列要求设置标注样式：

延伸线与标注对象的间距为 1 mm，超出尺寸线的距离为 2.5 mm；

基线标注尺寸线间距为 10 mm；

箭头使用"建筑标记"形状，大小为 3.5；

标注文字的高度为 3 mm，文字位于尺寸线的中间，文字从尺寸线偏移距离为 1，对齐方式为 ISO 标准；

长度标注单位的精度为 0.0，角度标注单位使用十进制，精度为 0.0。

2. 绘制标题栏。通过该实践，练习创建表格、设置表格样式等操作。

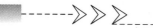
第 6 章　建筑施工图

■ 知识目标

- 了解建筑施工图的基本组成。
- 掌握建筑施工图的基本绘制方法。

■ 技能目标

能应用建筑施工图的基本绘制方法，结合相关规范和标准，进行简单的建筑施工图绘制。

■ 本章导语

建筑施工图就是将一栋建筑物的全貌和各个细部的构造特征全部、完整地表达出来。具体来讲，建筑施工图主要用来表示建筑的总体布局、房屋的外部造型、内部空间的布置、固定设施、内外装修、构造及施工要求的工程图样，是依据国家有关建筑制图标准以及建筑行业的习惯表达方法绘制的，是指导施工（包括房屋施工时定位放线、砌筑墙身、制作楼梯、安装门窗、固定设施以及内外装饰等）的主要技术文件之一，也是编制建筑工程概预算、施工组织设计和工程验收等的主要技术依据。

6.1　建筑施工图的组成

一个工程的建筑施工图按内容的主次关系依次编排成册，通常以建筑施工图的简称加图纸的顺序号作为建筑施工图的图号，如建施-1、建施-2 等，不同地区、不同的设计单位叫法不尽相同。一套完整的建筑施工图，主要包括以下内容：

（1）图纸首页。包括图纸目录、设计说明、经济技术指标以及选用的标准图集列表等。

（2）建筑总平面图。反映建筑物的规划位置、用地环境。

（3）建筑平面图。反映建筑物某层的平面形状、布局。

（4）建筑立面图。反映建筑物的外部形状。

（5）建筑剖面图。反映建筑内部的竖向布置。

（6）建筑详图。反映建筑局部工程的做法。

6.1.1　建筑总平面图

建筑总平面图是表达建设工程总体布局的图样，是在建设地域上空间、地面一定范围内投影所形成的水平投影图。建筑总平面图主要表示建筑地域一定范围内的自然环境和规划设计情况，它是新建工程施工定位、土方施工及施工平面布局的依据，也是规划设计给排水、采暖、电气等专业工程总平面图的依据。总平面图主要包括以下内容：

（1）地形和地貌。一般采用细实线画出表示地形、地貌的图线，如等高线、河流、池塘、水沟、土坡等，并标明等高线标高。总平面图表示的范围较大时，应画出测量或施工的坐标网，简单工程的总平面图附在首页图上时可不画坐标方格网和等高线。

（2）新建、拟建、原有和拆除建筑及构筑物的外轮廓、位置和朝向。新建筑物的可见轮廓线用粗实线表示，计划修建的建筑物用中粗虚线表示，原有建筑物用细实线表示。标注新建筑物角点的定位坐标，或者利用原有建筑物或道路定位并在总平面图中标注必要的尺寸。加注新建建筑室外地面的绝对标高、室内首层地面绝对标高。定位坐标、尺寸和绝对标高的单位为"m"，一般精确至小数点后两位。

（3）室外道路、场地、绿化等。新建的道路、围墙等用中粗实线表示，原有的用细实线表示。

（4）指北针或风向频率图。在总平面图上画出指北针或风向频率图（亦称风玫瑰图），以表明建筑物的朝向与该地区的常年风向频率。

（5）文字注释。标注建筑物、构筑物的名称或编号。

（6）补充图例。

6.1.2　建筑平面图

建筑平面图是用一个假想的水平切平面沿门窗洞的位置将房屋剖切后，其下半部的正投影图，简称平面图。它表示建筑物的平面形状，各种房间的布置及相互关系，门、窗、入口、走道、楼梯的位置，建筑物的尺寸、标高，房间的名称或编号。

通常，房屋的每一层都应画出平面图，并在图的下方注明相应的图名，如首层平面图、二层平面图等。相同的楼层可用一个平面图表示，称为标准平面图。其中，首层平面图还应画出室外的台阶、明沟、散水等，并标注指北针标明建筑物的朝向。二、三等层平面图还需画出本层室外的雨篷、阳台等。此外还有屋面平面图，它是房屋顶面的水平投影图。

平面图上凡是被水平切平面剖切到的墙、柱等截面轮廓线用粗实线，门开启线及其余可见的轮廓线和尺寸线等均用细实线。

6.1.3　建筑立面图

在与房屋立面平行的投影面上所作的房屋的正面投影称为建筑立面图。立面图用来表示建筑物的外貌特征。其中，将表现主要入口或房屋主要外貌特征的立面图作为正立面图，其余的立面图相应地称为背立面图和侧立面图。根据建筑物两端定位轴线命名，如①－⑨轴立面图。立面图上要画出建筑物的外形、构造及外墙面装饰、装修等。

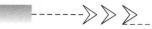

6.1.4 建筑剖面图

用一个与外墙轴线垂直的假象平面将房屋剖开,移去靠近观察者视线的部分后的正投影图即为建筑剖面图,简称剖面图。剖面图用来表示房屋内部从地面到屋面垂直方向高度、分层情况、垂直空间的利用、简要的结构形式和构造形式等,如屋顶的形式与坡度、檐口形式、楼板搁置方式、楼梯的形式与结构、各部位的联系与构造等。

剖面图的剖切位置在平面图上标明。通常,选择在内部结构和构造上有代表性的部位进行剖切。剖切图的图名应与平面图上剖切位置的剖切编号一致。

6.1.5 建筑施工详图

1. 墙体详图

表达墙身及其相连的屋顶、挑檐、楼地面、门窗过梁与窗台、勒脚、散水等部位的详细构造及工程做法。墙身详图通常采用 1∶20、1∶25 的比例,所以在详图中必须画出各种材料的相应图例,并且按相关规范的要求在墙身及楼地面等构配件两侧分别画出抹灰线,以表示粉刷层的厚度。楼地面、屋顶、墙身及散水等的工程做法,用文字说明的形式标注。

2. 门窗详图

用立面图表示门窗的外形尺寸和开启方向,用大比例的节点详图表示门窗的截面、用料、安装位置、门窗扇与框的连接关系等。采用标准图集中的门窗型号时,在门窗表中注明所选用的标准图案代号。

3. 楼梯详图

表明楼梯的类型、结构形式、各部位尺寸及工程做法。用建筑详图及结构详图分别绘制。

(1)多层建筑物中每层楼梯都应画相应的平面图,若中间各层楼梯梯段数、踏步数及布置相同,可用"中间层或标准层"表示。楼梯平面图是各层楼梯的水平剖面图。其剖切位置在每层楼面上行的第一梯段范围内。底层及中间层平面图中,用一条倾斜45°的折断线表示切平面的位置,以避免与梯段线混淆。楼梯平面图标注楼梯间的轴线尺寸及轴线编号,楼地面和休息平台的标高,梯段、平台的长宽尺寸及踏步数,用箭头表示梯段上、下行方向及踏步数。楼梯剖面图的剖切符号仅注示在底层平面图中。

(2)楼梯剖面图假想用一竖直平面沿着与梯段平行方向剖切,向未被剖切的梯段方向投影,即可产生楼梯剖面图。剖面图中除标注楼梯平面图中的标高外,还应标注梯段的高度及相应梯级数。

(3)节点详图表示楼梯、踏步、栏杆、扶手的形式及其连接构造。

(4)楼梯详图的画法:

① 平面图画法。

a. 绘制定位轴线,画出各轴线两侧墙体堵体的轮廓线。

　　b. 确定平台宽度、梯段的水平投影长度及宽度，然后按梯段内的踏步数对其进行平行等分。

　　c. 按平面图的层次将图线加深后，标注各构件的类型号、尺寸及各平台板的标高。

　　② 剖面图画法：

　　a. 绘制定位轴线及墙体轮廓线。

　　b. 绘制各楼地面及平台板的面层线，然后绘制梁、板断面。

　　c. 根据每一梯段的梯级数，沿梯段高度方向等量分格，沿梯段长度方向做梯级数减一的分格。

　　d. 按剖面图的层次将图线加深后，标注构件的类型号、尺寸及各平台板的标高。

6.2　建筑施工图的基本绘制方法

　　在进行实际的建筑施工图绘图之前，掌握立面图、平面图、剖面图的识图和绘图的基本知识是必不可少的准备工作。本节结合建筑制图知识介绍了建筑施工图的形成方法、组成内容及制图原则。

6.2.1　建筑平面图

1. 建筑平面图的图示内容

　　（1）定位轴线。

　　（2）各构、配件，包括被剖切到且视图可见的墙、柱、门、窗，并对门窗进行编号。

　　（3）楼梯，包括楼梯间的位置、梯段行走方向及休息平台位置尺寸等。

　　（4）房间名称、标高和尺寸。平面图的尺寸主要分三道标注：三道尺寸线的顺序为由内到外、由小到大，指门窗洞口定型尺寸、定位轴线的间距（开间和进深）、总尺寸（总长、总宽）。突出部分的阳台和其他细部位的尺寸应另标注，不应与三道主尺寸混注。其他细部尺寸（如台阶、散水），可标注在第一层尺寸线及图形轮廓之间。

　　（5）指北针、剖切符号、索引符号。确定建筑物朝向的指北针、剖面图的剖切符号仅在底层平面图中表示。

　　（6）其他。指阳台、雨篷、雨水管、台阶、散水、卫生间及厨房设备等。对于剖切位置以外的建筑构造及设备（如高窗、吊橱等），可用虚线表示。

　　（7）屋顶平面图。应标明屋顶的平面形状、屋面坡度及起坡方向（指下坡方向）、排水管的布置、挑檐、女儿墙、上人孔等。

2. 建筑平面图的作图步骤

　　（1）绘制图幅线、图框线和标题栏。

（2）合理布置图面，然后绘制纵、横双向定位轴线。

（3）在轴线两侧绘制被剖到的墙身和柱断面轮廓线，画出门窗洞口位置线、图例线以及窗台、楼梯踏步台阶、散水等细部构造。

（4）标注指北针、尺寸线、轴线圆圈、索引符号及剖切符号等。

（5）区别不同线宽。被剖到的主要建筑构件的轮廓线，用粗实线；被剖到的次要建筑构配件的轮廓线用中实线；对未被剖到的楼梯、梯段等构配件的可见轮廓线，用中实线；构配件中细小的可见轮廓线，用细实线。

（6）画不同的材料图例，进行区别对待。

（7）填写房间名称、尺寸数字、图名、比例等标注。

6.2.2　建筑立面图

1. 建筑立面图的图示内容

（1）各立面图两端的轴线及编号。

（2）建筑物的外轮廓线。

（3）建筑构、配件。如墙面分格及装饰、色彩、门窗的位置形状、洞口的分格及阳台、挑檐、台阶等。

（4）标高及尺寸。高度尺寸主要以标高的形式来标注，其中有建筑标高和结构标高之分：在标注构件的上顶面标高时，应标注到完成抹面或粉刷后的建筑标高（如楼地面）。在标注雨篷及檐口底面标高时，需标注到未加抹面及粉刷层的结构标高。门面洞口上下均标注未加粉刷层的结构标高。

（5）各种标注。用文字标注外立面的装饰材料及色彩、索引符号。

2. 建筑立面图的作图步骤

（1）绘制立面图两端的定位轴线、轮廓线。

（2）绘制门窗洞口。根据门窗洞口的上、下口标高绘制洞口定位线，并确定洞口宽度。

（3）绘制门窗分格线。

（4）绘制雨篷、雨水管、台阶、墙面装饰线等细部构造。

（5）绘制标高符号、轴线圆圈、索引符号。

（6）加深图线。室外地坪线用加粗实线，轮廓线用粗实线，门窗洞口用中实线，分格线及其他构造用细实线。

（7）填写尺寸数字、图名、比例等标注。

6.2.3　建筑剖面图

1. 建筑剖面图的图示内容

（1）被剖切到墙体、柱子的定位轴线。

（2）剖切到的构配件。指各层楼地面、屋顶的梁、板、墙体、柱子、楼梯、阳台、雨篷及挑檐等。对上述被剖切到的构件，应按"国标"规定画出材料图例。

（3）未被剖切但视图可见的构配件。

（4）标高及尺寸。对于室外地坪、各层楼地面、楼梯平台、阳台、台阶等处分别标注建筑标高，檐口、门窗洞口标注各自的结构标高，并标注各部分的高度尺寸。

（5）详图索引及文字说明。剖面图中应表达各主要构件工程的做法，一般用详图索引符号及文字说明的形式标注。

2. 建筑剖面图的作图步骤

（1）绘制被剖切墙体及构件的定位轴线、室外地坪线、楼地面线、屋面线、楼梯各平台线。

（2）绘制被剖到的构配件、墙身、梁、板、台阶、楼梯的轮廓线，并画出各材料的图例。

① 比例大于 1：50 的平面图、剖面图，应画出抹灰层与楼地面、屋面的面层线，并宜画出材料图例。

② 比例等于 1：50 的平面图、剖面图，宜画出楼地面、屋面的面层线，抹灰层的面层线应根据需要而定；

③ 比例小于 1：50 的平面图、剖面图，可不画出抹灰层，但宜画出楼地面、屋面的面层线；

④ 比例为 1：100～1：200 的平面图、剖面图，可画简化的材料图例（如钢筋混凝土涂黑等），但宜画出楼地面、屋面的面层线；

⑤ 比例小于 1：200 的平面图、剖面图，可不画材料图例，剖面图的楼地面、屋面的面层线可不画出。

（3）未被剖到的构配件。剖面图可见的构配件，如门窗洞口、楼梯、栏杆等。

（4）标高及尺寸。标注室内外地坪、楼地面、楼梯平台的建筑标高；雨篷、门窗洞口、屋顶板的结构标高及相应高度方向的尺寸。

（5）加深图线。室外地坪线用加粗实线，被剖切构配件的轮廓用粗实线，可见的门窗洞线用中实线，其余配件用细实线。

（6）填写图名、比例等标注。

6.3 建筑施工图的绘制

本节着重介绍了建筑平面图的基本知识和绘制全过程，并通过一个实例，演示了如何利用 AutoCAD 绘制一个完整的建筑平面图。建筑平面图是建筑设计中的一个重要组成部分，通过本节的学习，读者可了解建筑平面图绘制方法，能够独立完成建筑平面图的绘制。由于篇幅所限，立面图和剖面图详细绘制方法不再一一赘述。

需要说明的是，平面图中各构件的绘制方法不是唯一的，读者应根据具体图形的不同

特点来选择简便和快捷的方式，注意熟悉快捷键的使用，多进行实践，才能达到熟能生巧的目的。

6.3.1 设置绘图环境

本例中采用 A3 图纸幅面（420mm×297mm），绘制图框线和标题栏；再使用"比例"命令将图幅放大 100 倍，即采用 1∶100 比例绘制平面图。

1. 绘图单位设置

建筑工程中，长度类型为小数，精度为 0；角度的类型为十进制数，角度以逆时针方向为正，方向以东为基准角度。

选择"格式|单位"或在命令行中键入 UNITS（UN），弹出"图形单位"对话框，如图 6-1 所示。

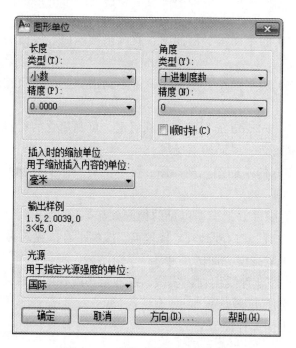

图 6-1 "图形单位"对话框

2. 图层设置

建筑工程中的墙体、门窗、楼梯、设备、尺寸、标注等不同的图形，所具有的属性是不一样的。为了便于管理，把具有不同属性的图形放在不同的图层上进行处理。

首先创建图层。选择"格式|图层"命令或在命令行中键入 LAYET（LA），弹出"图层特性管理器"对话框。根据首层平面，建立如下图层：WALL（墙体）、DOTE（轴线）、STAIR（楼梯）、WINDOW（门窗、DIMENSION（标注）5 个图层，并进行颜色、线型、线宽设置，如图 6-2 所示。

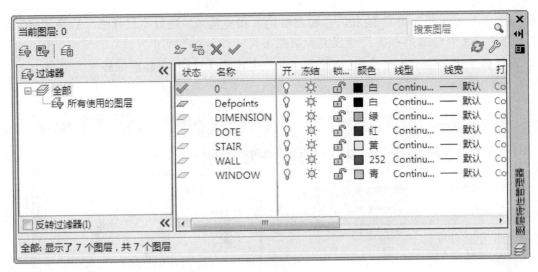

图 6-2 图层设置

3. 标注样式设置

尺寸标注是建筑工程图中的重要组成部分。但 AutoCAD 的默认设置不能完全满足建筑工程制图的要求，因而用户需要根据建筑工程制图的标准对其进行设置。用户可利用"标注样式管理器"设置自己需要的尺寸标注样式。

（1）根据尺寸标注样式设置方法，新建一个"1 比 100"样式，如图 6-3 所示。

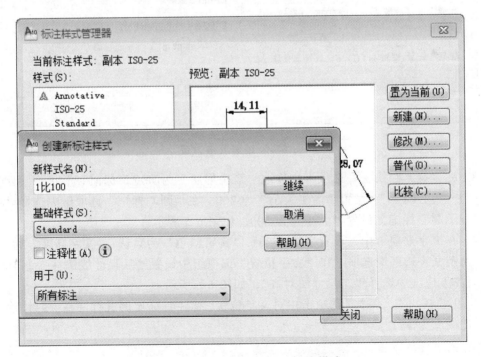

图 6-3 创建"1 比 100"标注样式

（2）在"线"选项卡中设置尺寸线、尺寸界线的格式。一般按默认设置"颜色"和"线

宽"值，"基线间距"设置为800，"超出标记"设置为0。通过"尺寸线"选项组还可设置在标注尺寸时隐藏第一条尺寸线或者第二条尺寸线。对"尺寸界线"的设置具体为：把"颜色"和"线宽"设为默认值，"超出尺寸线"设置为250，"起点偏移量"设置为300，如图6-4所示。

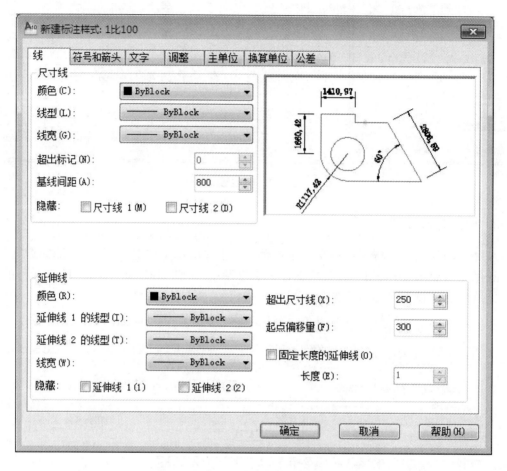

图6-4　线选项卡设置

（3）在"符号和箭头"选项卡中修改"箭头形状"为"建筑标记"形状，"引线"选择默认为"实心闭合"，设置"箭头大小"为200。在"圆心标记"选项组中选择"标记"方式来显示圆心标记，设置"大小"为200，如图6-5所示。

（4）在文字选项卡中，设置字体为 txt，"文字颜色"为默认；"文字高度"为 250；不选"绘制文字边框"选项。在"文字位置"选项组中设置"从尺寸线偏移"为100。在"文字对齐"选项中选择"与尺寸线对齐"，如图6-6所示。

（5）用户还可在"调整"选项卡中对文字位置、标注特征比例进行调整。在本例中"使用全局比例"为1。

（6）文字样式设置。

建筑工程图中，一般都有一些关于房间功能、图例及施工工艺的文字说明，将这些文字说明放在"文字标注"图层。

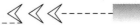

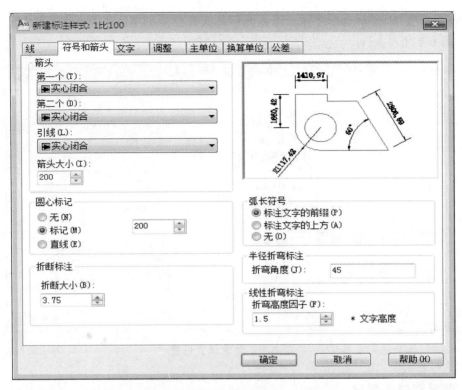

图 6-5 符号和箭头选项卡设置

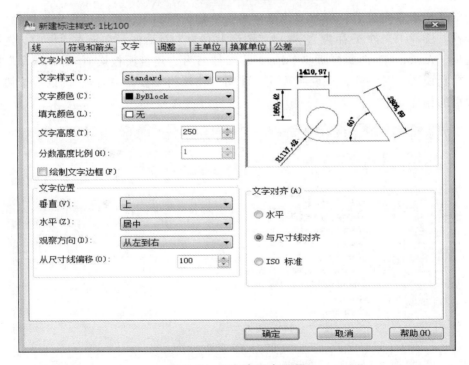

图 6-6 文字选项卡设置

选择"格式|文字样式"命令，弹出"文字样式"对话框。

通过"文字样式"对话框设置文本格式。在本例中，样式名为 H300，字体为大字体

Hztxt.shx（如没有 Hztxt.shx 字体，可将此字体文件拷贝到 AutoCAD 的字库中），字高为 300，如图 6-7 所示。

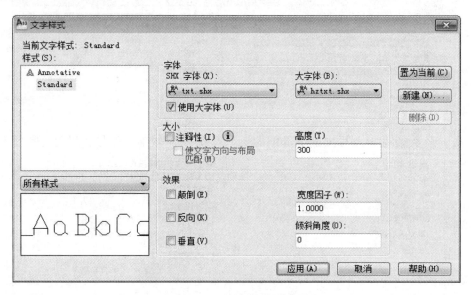

图 6-7　文字样式设置

4. 模板文件的创建

绘图环境设置完成后，将此文件保存为一个建筑平面图模板，以备今后使用。

操作：选择"文件|另存为"，弹出"图形另存为"对话框。在该对话框中，选择文件类型选项"AutoCAD 图形样板（*.dwt）"，文件名为"建筑模板"。单击"保存"按钮，出现"样板说明"对话框，在说明选项中注明"建筑用模板"，单击"确认"按钮，完成建筑模板的创建。

图 6-8　建筑模板创建

6.3.2　绘制建筑平面图

（1）绘制轴线网及标注编号。

建筑平面设计绘制一般从定位轴线开始。确定了轴线就确定了整个建筑物的承重体系和非承重体系，就确定了建筑物房间的开间深度以及楼板柱网等细部的布置。所以，绘制轴线是使用 AutoCAD 进行建筑绘图的基本功之一。

定位轴线用细点画线绘制，其编号标注在轴线端部用细实线绘制的直径为 8 mm 圆圈内。横向编号用阿拉伯数字 1、2、3 等，从左至右编写；竖向编号用大写拉丁字母 A、B、C 等，从下至上编写，大写拉丁字母中的 I、O、Z 不能做轴线编号，以免与数字相混淆。

① 绘制轴线网。

将"轴线"层置为当前图层，打开正交方式，使用直线 Line 命令，在绘图区域点取适当点作为轴线基点，绘制一条水平直线和一条竖直直线，整个轴线网就是以这两条定位轴线为基础生成的，如图 6-9 所示。

图 6-9　定位轴线

绘制轴线时，如屏幕上出现的线型为实线，则可以执行"格式|线型"命令，弹出"线型管理器对话框"，单击对话框中的"显示细节"按钮，在"全局比例因子"中进行设置，如设置为 100，即可将点画线显示出来。还可以用线型比例命令 LTScale 命令进行调整。

在"全局比例因子"中设置的值越大，线的间隙越大。用户可根据需要选用设定值，如图 6-10 所示。

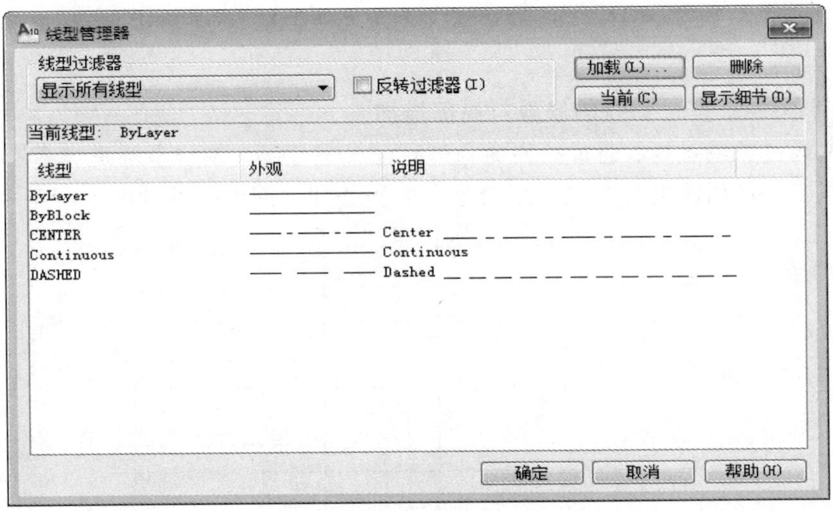

图 6-10　线型管理器设置

② 绘制轴线网 —— 横向轴线的绘制。

通过使用拷贝命令绘制其他轴线。

继续使用拷贝命令，将轴线 B 向上连续拷贝 2 400、5 100、2 400、6 500、3 600，分别得到轴线 C、轴线 D、轴线 F、轴线 G，如图 6-11 所示。

图 6-11

③ 绘制轴线网 —— 竖向轴线的绘制。

执行"拷贝"命令，将 1 号竖向轴线以连续方式向右拷贝 4600、18600、2700、7600、2800、2900、9000、2700，分别得到轴线 2、轴线 3、轴线 4、轴线 5、轴线 6、轴线 7、轴线 8、轴线 9。至此，得到部分轴线网图，如图 6-12 所示。

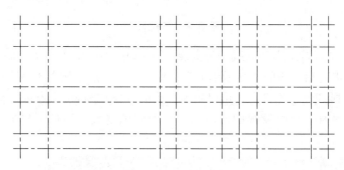

图 6-12

④ 绘制轴线网 —— 轴线的修剪与局部增加。

某些轴线过长或过短，通过拉伸命令进行拉长或压缩。轴线全部贯穿图形，会影响绘制图形的视线，可用修剪命令或打断命令，适当处理中间部分的轴线，如图 6-13 所示。

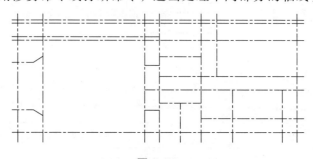

图 6-13

⑤ 标注轴线编号。

标注轴线编号有两种方式：一种是先绘制一个轴线编号图，其余各个轴线编号图可用复制命令，再编辑文字内容的方法完成；另一种是先创建轴线编号图块，用插入图块的方法完成其他轴线编号的绘制。

在本例中，以创建图块的方式完成轴线编号的标注。利用图块与属性功能绘图，不但可以提高绘图效率，节约图形文件占有磁盘空间，还可以使绘制的工程图规范、统一。

标注轴线编号—— 创建轴线编号图块

a. 使用圆命令，在绘图区域画一个直径为 800 的圆。

b. 定义图块属性。选择"绘图|块|定义属性"命令，弹出"定义属性"对话框，再按"定义属性"对话框的有关项进行设置，图块创建及插入块请参考第 4 章相关内容。所绘制图形如图 6-14 所示。

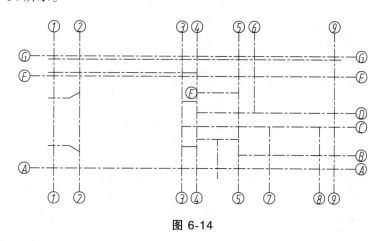

图 6-14

（2）绘制墙体。

绘制墙体的方法大致有两种：一种是用"偏移"或者"拷贝"命令，以轴线为基准，向两边偏移得到墙线，再用格式刷将墙线转换至墙线图层上，并按墙线的要求进行修剪；另一种是用"多线命令 MLine"在墙线图层直接绘制，再通过选择"修改|对象|多线"，按墙线的要求对多线进行编辑。现仅介绍用拷贝命令来绘制墙线的方法。

① 拷贝轴线。

执行"拷贝"命令，选择所有横向轴线，以连续拷贝的方式将所有横向轴线向左、右各复制一次。本例中墙厚为 240 mm，故拷贝距离各为 120 mm。

所有竖向轴线也依此法绘制，斜向轴线则用偏移命令来进行复制，绘制的图形如图 6-15 所示。

② 修改属性。

单击工具栏上的对象特性按钮 或在命令行中键入 CH（或键入 MO），启动对象特性命令，弹出对话框；选择所有应该在 WALL 层（墙线）的线，在对话框中将其层设置为 WALL 层。

③ 修剪墙线。

执行"修剪"和"倒圆角"命令，对所有不合要求的墙线进行修改，如图 6-16 所示。

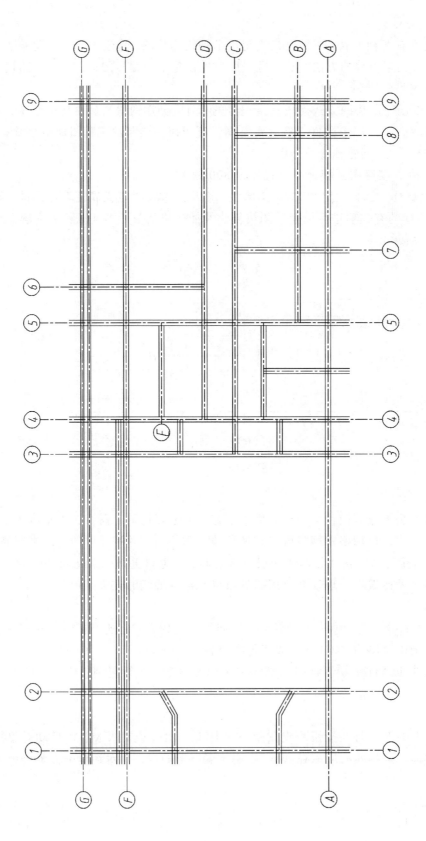

图 6-15

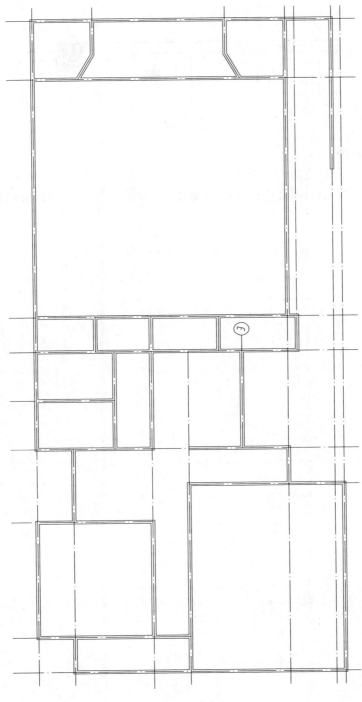

图 6-16

（3）绘制柱子。

① 创建柱子。

将 "WALL（墙体）" 图层置为当前层。单击 "矩形" 命令或键入 RECTANG（REC），绘制一个 300×400 的矩形代表柱子的截面轮廓。用 "图案填充" 命令进行图案填充。将绘制好的柱子移动到对应的地方，注意使用对象捕捉，准确对正。柱子的绘制过程如图

6-17 所示。

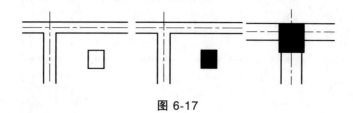

图 6-17

② 拷贝并移动柱子。

执行"拷贝"命令或键入 COPY（CO 或 CP），将其他柱子复制出来；单击"移动"命令或键入 MOVE（M）将其他柱子移动到对应的地方，注意使用对象捕捉，准确对正，如图 6-18 所示。

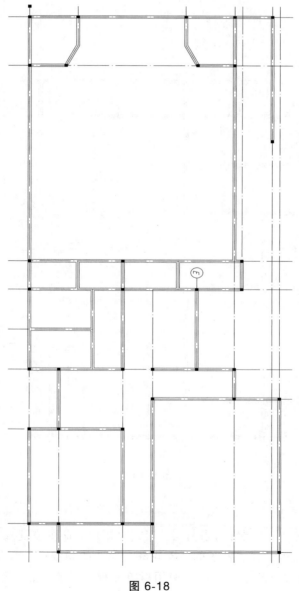

图 6-18

（4）绘制门窗。

① 开门窗洞口。

在绘制门窗之前，要在墙体上开门洞和窗洞。以 D 轴上靠近 9 轴处的 M-3 门为例，介绍如何在墙上开门洞和窗洞。置"WALL（墙体）"为当前层，在墙角 A 点（为便于演示，将此处的柱子删除）处绘制一条短线，再将此线向左移动 2820 到 B 点；使用"拷贝"命令将此线向左复制，距离为 1200，即可定出门的位置，在这里也可使用"偏移"命令得到门的定位；再用修剪命令把多余的直线进行修剪，如图 6-19 所示。

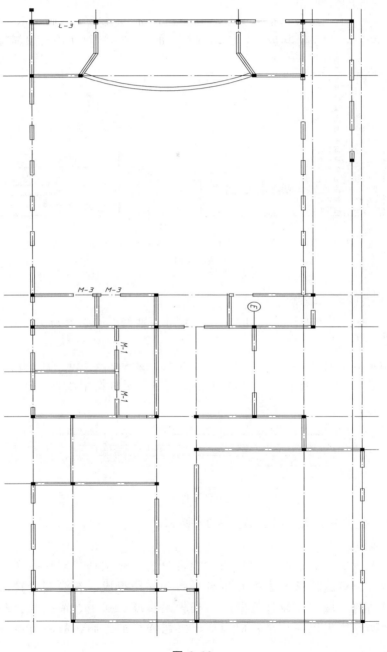

图 6-19

②绘制门窗线—— 绘制门。

在本例中，平开门的种类有两种：一是单开门，二是双开门。下面主要介绍单开门的绘制方法，双开门可以通过镜像复制单开门的方法得到。

一般平开门用四分之一圆来表达，平开门的厚度为60。以 *F* 轴上靠近1轴处的 M-2 门为例。置"WINDOW（窗）"为当前层。以墙角 *A* 点为起点绘制一条900的短线，端点为 *C* 点；选择"绘图|圆弧|圆心、起点、端点"命令，根据提示行的反馈，依次点击 *A*、*B*、*C* 点即可得到一个四分之一圆。将垂直线向圆内偏移60，用来表示门的厚度。平开门制图过程如图 6-20 所示。

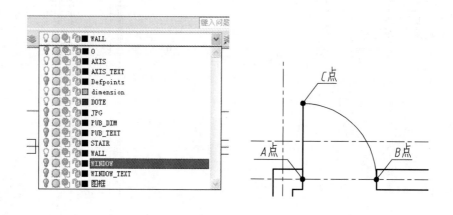

图 6-20

③绘制门窗线—— 绘制窗。

在本例中，窗户为"四线式"；以 *A* 轴上靠近2轴处的 C-2 窗为例。窗体的绘制方法如下：

置"WINDOW（窗）"为当前层。执行"绘线"命令，绘出与墙面相平的两条窗线；执行"拷贝"或"偏移"命令，以 800 为距离复制出另外两根线。平开门制图过程如图 6-21 所示。

图 6-21

其他门窗各依上述方法绘出，如图 6-22 所示。

（5）绘制楼梯。

根据楼梯平面形式的不同，常见的楼梯可分为直跑楼梯、双跑直楼梯、多跑直楼梯等。在本例中为双跑楼梯，由中间休息平台和梯段组成。在绘制楼梯时，只需在楼梯间墙体所限制的区域内按设计位置绘出楼梯踏步线、扶手、箭头及折断线等。本例中首层平面楼梯只能表现一小半；但为便于二层楼梯的绘制，故在首层也将楼梯的组成部分全部绘出。

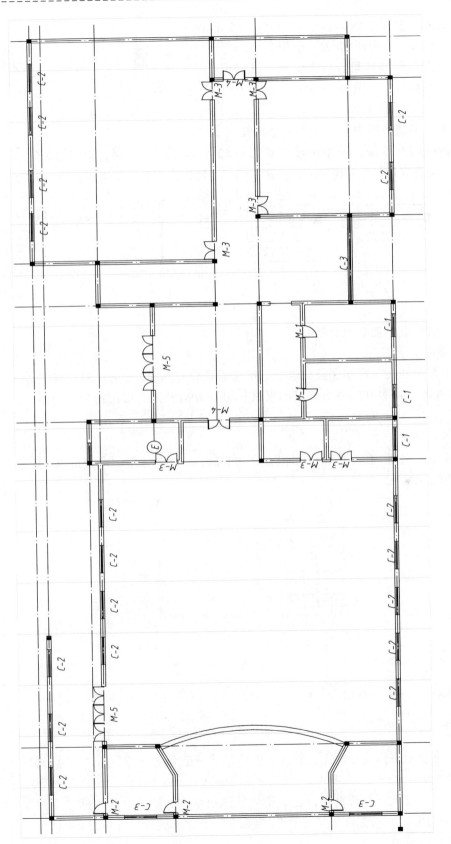

图 6-22

① 绘制楼梯踏步线。

置"STAIR（楼梯）"为当前层；

以 A 点为起楼梯间墙绘线交于 B 点，得到第一根踏步线，如图 6-23 所示。

图 6-23

② 绘制楼梯扶手。

以第一根踏步线中点为起点向上画线；

将此线向左移动 30（本例楼井宽度为 60），然后向右复制，距离设为 60；

执行偏移或拷贝命令将表示楼梯扶手的线复制出来，并且修剪或倒角，如图 6-24 所示。

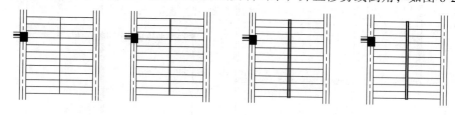

图 6-24

（6）绘制上下箭头及折断线。

① 绘制上下箭头。

上下方向的箭头可用多段线绘制：定义起点线宽为 0，定义中间点线宽为 90，长度为 300；接着画线宽为 0 的适当长度的直线；另一方向的箭头可用镜像、绘线、倒圆角等命令完成，如图 6-25 所示。

② 绘制折断线。

关闭正交状态；在左梯段中部偏下位置绘斜线；用多义线命令绘折线；修剪及倒圆角，如图 6-26 所示。

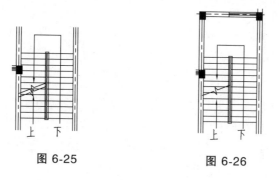

图 6-25   图 6-26

6.3.3　尺寸标注和文字说明

1. 平面尺寸标注

根据建筑制图标准的规定，平面图上的尺寸一般分为三道，即总尺寸、轴线定位尺寸和细部尺寸。

标注时可按从细部到总体，也可按从总体到细部的顺序。常常使用"线性"、"对齐"（主要用于斜向尺寸的标注）、"连续"、"基线"等命令进行尺寸标注。

在本例中，以 *A* 轴墙体标注为例，采用从细部到总体的顺序，主要选择"线性"和"连续"和"基线"命令。

（1）细部尺寸标注。

置"DIMENSION（标注）"为当前层；将所设置的名为"1∶100"的标注样式作为当前的尺寸标注样式；用"线性"命令，选取轴线 *A* 和轴线 1 的交点为起点，选取窗户左侧的墙体节点为终点，进行尺寸标注；再通过"基线"命令标注出三道尺寸，如图 6-27 所示。

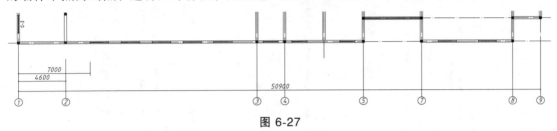

图 6-27

用"连续"命令，以上一步尺寸线终点为起点开始标注，依次选取各个细部节点，进行连续标注，如图 6-28 所示。（为使图面清晰，标注线暂设为黑色）

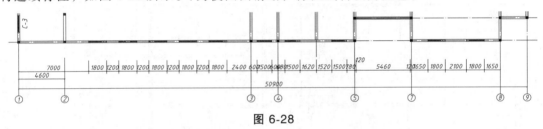

图 6-28

在标注的过程中，发现部分尺寸重叠，则用"标注样式管理器"中的"调整"选项卡来进行调整。可将发生重叠的尺寸标注的文字放置在尺寸线上方，带引线；或直接采用"优化"，手动放置文字。

（2）轴线定位尺寸标注。

选择"连续"命令，对平面图上各个竖向轴线之间的尺寸进行连续标注，如图 6-29 所示。

（3）总轴线尺寸标注。

总轴线尺寸在进行基线标注时已经绘出，此处不再讲述。

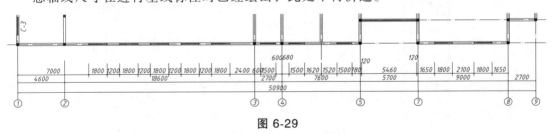

图 6-29

2. 文字说明

为传达施工图设计信息，建筑施工图中需要标注必要的文字进行说明。文字标注的内容包括图名及比例、房间功能划分、门窗符号、楼梯说明等。

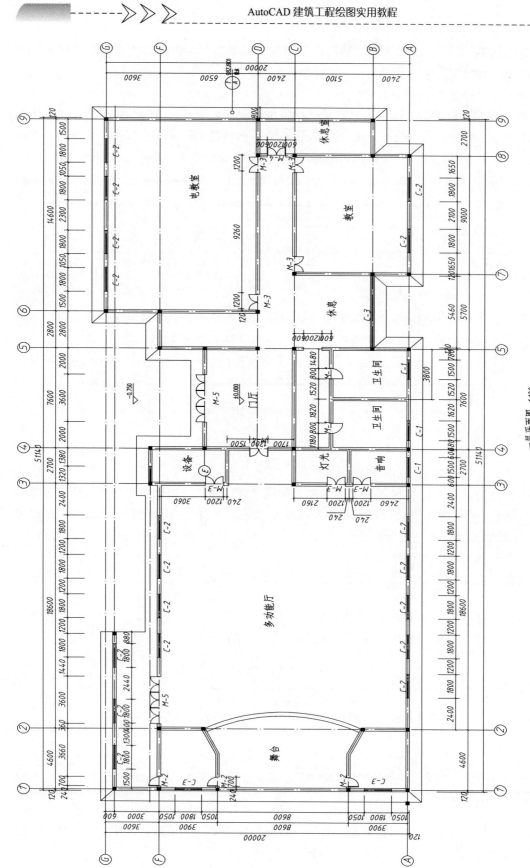

一层平面图 1:100

图 6-30

操作如下：

新建"TXT（文字）"图层，并将其置为当前层。

将"文字样式设置"中所设置的名为"H300"的文字样式作为当前的文字样式。

单击绘图工具栏的文字标注按钮，在需要添加文字的地方选择一个合适的区域输入文字说明。完成尺寸标注和文字标注后的平面图，如图 6-30 所示。

（1）图面整理。

根据设计或者图纸仔细检查，使用前述所讲命令对疏漏部分进行增补，以使图面正确完整。

（2）添加图框。

一般情况下，图框和标题栏会保存成专门的文件，可供以后绘图调用。执行插入块命令，将图框插入到屏幕上指定的位置，使所绘平面图基本位于图框正中，再填写标题栏中的内容。至此，平面图绘制完成。

本节主要介绍了建筑平面图的内容和绘图步骤，结合平面图实例，向读者具体介绍了如何使用 AutoCAD 绘制一幅完整的建筑平面图。通过本节的学习，读者应当对建筑平面图的设计过程和绘制方法有所了解，并能够熟练运用前面章节中所介绍的命令完成相应的操作。

本章小结

学习本章的过程中，应着重理解建筑施工图中的平面图、立面图、剖面图和楼梯剖面图的绘制内容、绘制要求以及方法和步骤。一般按平面图→立面图→剖面图→详图的顺序来绘制建筑施工图。建筑施工图的一般绘图过程：设置绘图环境或直接调用已设置好的模板、绘制轴线、绘制墙体、绘制门窗、细部绘制、尺寸与文字标注、标高等。

本章详细介绍了建筑平面图的绘制过程，读者应能按照前面所介绍的命令，完成相应操作。

习题与实训

1. 总结建筑施工图主要由哪些部分组成。

2. 总结建筑立面图、建筑剖面图和建筑平面图在表达内容和方法上有什么相同和不同之处。

3. 总结绘制建筑立面图的方法，并练习绘制图 6-31 所示建筑立面图。

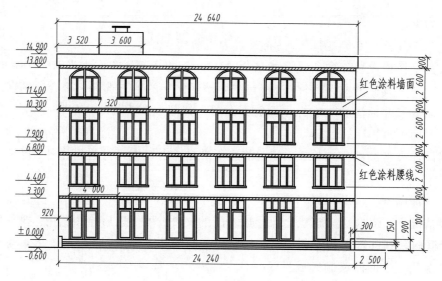

图 6-31　建筑立面图

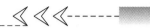

第 7 章 图形打印与输出

▰ 知识目标

- 了解绘图设备的配置过程。
- 了解绘图时模型空间、图纸空间的概念，能正确地使用设计过程。
- 了解布局的概念，能正确地使用布局。

▰ 技能目标

- 掌握布局的设置方法。
- 掌握在模型空间、图纸空间中设置视口的方法，能正确地使用视口得到不同的效果。
- 掌握打印样式表的设置与使用。
- 掌握在模型空间中打印图形的操作方法。
- 掌握在图纸空间中组织图形、设置布局、输出图形的操作方法。

▰ 本章导语

图形输出是绘图工作的重要组成部分。本章将详细介绍图形打印的方法以及将绘制完成的图形输出为其他格式文件的方法。通过本章的学习，应掌握 AutoCAD 的图形打印、输出功能。

7.1 打印与输出概述

图形绘制完成后，就可以进行打印输出图形了。但如何输出一个令人满意的、符合要求的图形，就需要了解一些有关打印输出的基本知识和概念。

1. 纸张的大小和方向

根据输出设备的不同，纸张的来源、大小、规格也不同，通常情况下使用标准规格的图纸，如 A1 纸的大小为 841 mm×594 mm；也可以根据图形情况自定义输出纸张大小，但定义的纸张大小受输出设备的最大打印纸张的限制，不能超过输出设备打印的最大宽度，单长度可以增加。纸张设置完成后，纸张纵向和横向放置，应考虑与图形输出的方向相对应。

2. 输出图形的范围和比例

图形绘制完成后，要将图形输出到图纸上，需要选定输出图形的范围，通常有图形界

限、范围和窗口等方式。范围选好之后，涉及输出到多大的图纸上，就要设定绘图比例。绘图比例是指绘图时图纸上的单位尺寸与实际绘图尺寸之间的比例。例如：绘图比例1∶1，出图比例1∶100，则图纸上的1个单位长度代表100个实际单位长度。

计算机提供了按图纸空间自动比例缩放，选择一个设定的比例和自定义比例方式。首先可以使用自动比例，然后选用接近它的整数比例。

3. 标题栏和图框设置

图纸大小确定后，可按图纸的大小绘制边框和标题栏，并作为图块写出成为一个独立的文件。

根据出图比例大小，将保存有边框和标题栏的文件插入到当前图形文件中，如果图形输出时比例缩小9/10倍，插入到当前文件的图块就放大10倍，并修改使所有输出的图形都包括在图框之内；如果图形输出时比例放大10倍，插入到当前文件的图块就缩小9/10倍，并修改使所有输出的图形都包括在图框之内，这样输出到图纸上的图框正好等于设置的图纸规格的图框大小。

也可以采用另外一种方法：按照输出的图纸大小规格绘制的边框、标题栏做成图块写成一个独立的文件后，1∶1插入到当前图形文件中，将当前图形文件中的图形用比例缩放命令（SCALE）缩放，使之能够正好容在刚才插入到的图框之内。这样出图时绘图采用1∶1的比例，但图形上标注的尺寸数值会变化，需要调整。

可以根据常用的图纸大小，分别将绘制好的标题栏和图框保存为一个独立的文件，要用哪一个就用哪一个。

7.2 打印输出

打印图形在实际应用中具有重要意义。通常在图形绘制完成后，需要将其打印于图纸上，这样方便土建工程师、室内设计师和施工工人参照。在打印图形的操作过程中，用户首先需要启用【打印】命令，然后选择或设置相应的选项即可打印图形。

调用方式：【文件】→【打印】；标准工具栏→🖶；输入命令：PLOT（或 Ctrl+P）。

启用【打印】命令，弹出【打印—模型】对话框，从中用户需要选择打印设备、图纸尺寸、打印区域、打印比例等，如图 7-1 所示。

7.2.1 选择打印设备

【打印机/绘图仪】选项组用于选择打印设备。

用户可在【名称】下拉列表中选择打印设备的名称，当用户选定打印设备后，系统将显示该设备的名称、连接方式、网络位置及打印相关的注释信息，同时其右侧【特性】按钮将变为可选状态。

单击【特性】按钮，弹出【绘图仪配置编辑器】对话框，如图 7-2 所示。用户可以设置打印介质、图形、自定义特性、自定义图纸尺寸等。

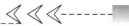

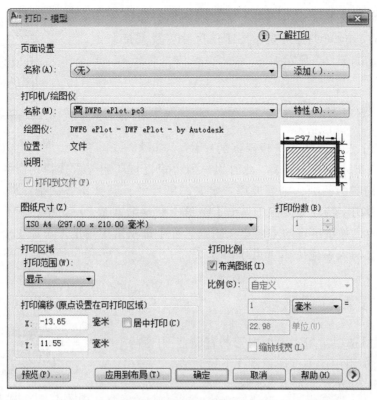

图 7-1　打印—模型对话框

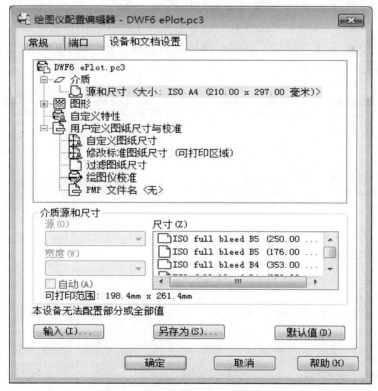

图 7-2　绘图仪配置编辑器对话框

【打印机/绘图仪】选项组的右下部显示图形打印的
预览图标，点击该预览图标可显示图纸的尺寸以及可打
印的有效区域，如图 7-3 所示。

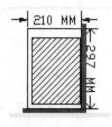

图 7-3　预览图标

7.2.2　选择图纸尺寸

【图纸尺寸】选项组用于选择图纸的尺寸。

打开【图纸尺寸】下拉列表，此时用户即可根据打印的要求选择相应的图纸。若该下
拉列表中没有相应的图纸，则需要用户定义图纸尺寸，其操作方法是：单击【打印机/绘
图仪】选项组中的【特性】按钮，弹出【绘图仪配置编辑器】对话框，然后选择【自定义
图纸尺寸】选项，并在出现的【自定义图纸尺寸】选项组中单击【添加】按钮，随后根据
系统的提示依次输入相应的图纸尺寸即可。

7.2.3　设置打印区域

【打印区域】选项组用于设置图形的打印范围。打开
【打印区域】选项组中的【打印范围】下拉列表，从中可
选择要输出图形的范围，如图 7-4 所示。

图 7-4　【图纸尺寸】列表框

【窗口】选项：当用户在【打印范围】下拉列表中选
择【窗口】选项时，用户可以选择指定的打印区域。其
操作方法是：在【打印范围】下拉列表中选择【窗口】选项，其右侧将出现【窗口】按钮，
单击【窗口】按钮，系统将隐藏【打印—模型】对话框，此时用户即可在绘图窗口内制定
打印的区域，如图 7-5 所示。

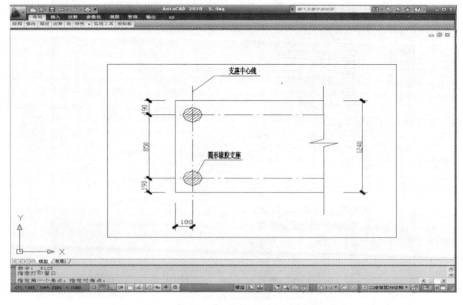

图 7-5　用【窗口】在绘图区选择打印范围

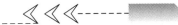

【范围】选项：当用户在【打印范围】下拉列表中选择【范围】选项时，系统可打印图形中所有的对象，打印预览效果如图7-6所示。

【图形界限】选项：系统将按照用户设置的图形界限来打印图形，此时在图形界限范围内的图形对象将打印在图纸上，打印预览效果如图7-7所示。

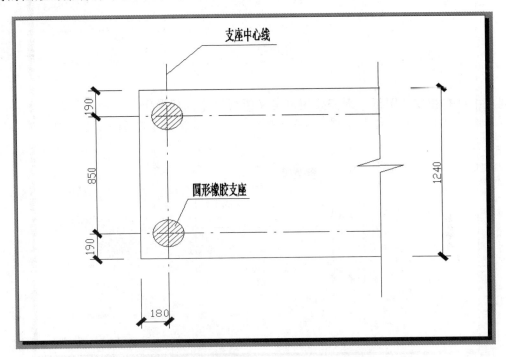

图 7-6 【范围】选项选择打印范围预览图

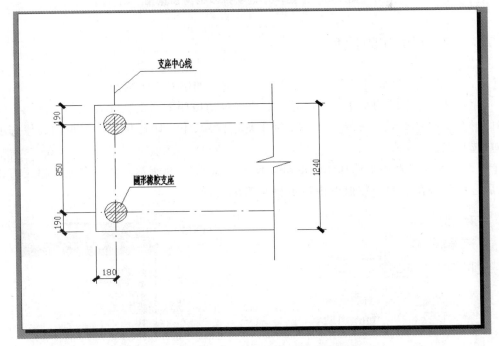

图 7-7 【图形界限】选项打印范围预览图

【显示】选项：当用户在【打印范围】下拉列表中选择【显示】选项时，系统将打印绘图窗口内显示的图形对象，打印预览效果如图 7-8 所示。

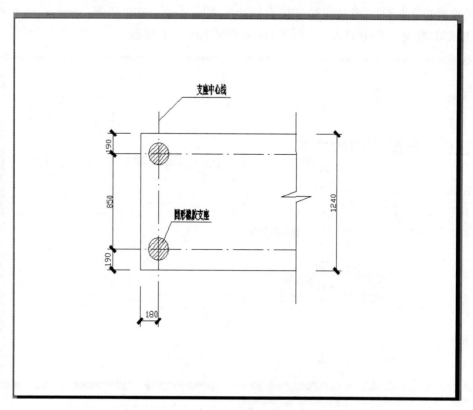

图 7-8　【显示】选项打印范围预览图

7.2.4　设置打印比例

【打印比例】选项组用于设置图形打印的比例，如图 7-9 所示。

当用户选择【布满图纸】复选框时，系统将自动按照图纸的大小适当缩放图形，使打印的图形布满整张图纸。选择【布满图纸】复选框后，【打印比例】选项组的其他选项变为不可选状态。

【比例】下拉列表用于选择图形的打印比例，如图 7-10 所示。当用户选择相应的比例选项后，系统将在下面的数值框中显示相应的比例数值。

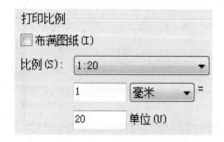

图 7-9　【打印比例】对话框

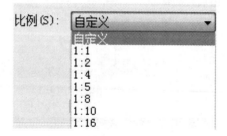

图 7-10　【打印比例】下拉列表框

7.2.5 设置打印的位置

【打印偏移】选项组用于设置图纸打印的位置。在缺省状态下，AutoCAD 将从图纸的左下角打印图形，其打印原点的坐标是（0，0）。若用户在【X】、【Y】数值框中输入相应的数值，则可以设置图形打印的原点位置，此时图形将在图纸上沿 X 和 Y 轴移动相应的位置。

若选择【居中打印】复选框，则系统将在图纸的中间打印图形。

7.2.6 设置打印的方向

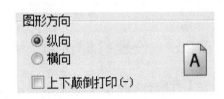

【图形方向】选择用于设置图形在图纸上的打印方向，如图 7-11 所示。

【纵向】：当用户选择【纵向】选项时，图形在图纸上的打印位置是纵向的，即图形的长边为垂直方向。

图 7-11　打印【图形方向】操作对话框

【横向】：当用户选择【横向】选项时，图形在图纸上的打印位置是横向的，即图形的长边为水平方向。

【反向打印】复选框：当用户选择【反向打印】复选框时，可以使图形在图纸倒置打印。该选项可以与【纵向】、【横向】两个单项组合使用。

7.2.7 设置着色打印

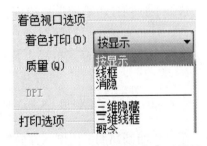

【着色适口选项】选项组用于打印经过着色或渲染的三维图形，如图 7-12 所示。在【着色打印】下拉列表中存在 4 个选项，分别为【按显示】、【线框】、【消隐】以及【渲染】选项【按显示】：选择【按显示】选项时，系统按图形对象在屏幕上的显示情况进行打印。

图 7-12　【着色打印预览】对话框

【线框】：选择【线框】选项时，系统按线框模式打印图形对象，而不考虑图形在屏幕的显示情况。

【消隐】：选择【消隐】选项时，系统按消隐模式打印图形对象，即在打印图形时去除其隐藏线。

【渲染】：选择【渲染】选项时，系统按渲染模式打印图形对象。

在【质量】下拉列表中存在 6 个选项，分别为【草稿】、【预览】、【常规】、【演示】、【最大】以及【自定义】选项。

【草稿】：选择【草稿】选项时，将渲染或着色的图形以线框方式打印。

【预览】：选择【预览】选项时，将渲染或着色的图形的打印分辨率设置为当前设备分

辨率的 1/4，DPI 最大值为 150。

【常规】：选择【常规】选项时，将渲染或着色的图形的打印分辨率设置为当前设备分辨率的 1/2，DPI 最大值为 300。

【演示】：择【演示】选项时，将渲染或着色的图形的打印分辨率设置为当前设备的分辨率，DPI 最大值为 600。

【最大】：选择【最大】选项时，将渲染或着色的图形的打印分辨率设置为当前设备的分辨率。

【自定义】：选择【自定义】选项时，将渲染或着色的图形的打印分辨率设置为"DPI"框中用户指定的分辨率。

7.2.8　设置打印选项

在【打印选项】选项组中，有【指定线框】、【打印样式】、【着色打印】和【对象的打印次序】等选项。

选择【后台打印】复选框，用于指定在后台处理打印操作。

选择【打印对象线宽】复选框，用于指定是否打印为对象或图层指定的线宽。

选择【按样式打印】复选框，用于指定是否打印应用于对象和图层的打印样式。选择该选项时，将自动选择【打印对象线宽】复选框。

选择【最后打印图纸空间】复选框，通常先打印图纸空间几何图形，然后再打印模型空间几何图形。

选择【隐藏图纸空间对象】复选框，用于指定渲染操作是否应用于图纸空间视图中的对象。此选项仅在布局选项卡中可用，效果可以反射在打印预览中，而不能反映在布局中。

选择【打开打印戳记】复选框，用于打开打印戳记。在每个图形的指定角点处放置打印戳记。打印戳记也可以保存到日志文件中。

选择【将修改保存到布局】复选框，将【打印】对画框中所做的修改保存到布局。

7.2.9　保存或输入打印设置

在完成图纸幅图、比例、方向等打印参数的设置后，可以将所有的设置的打印参数保存在页面设置中，以便以后使用。

利用【打印—模型】对话框中的【页面设置】选项组，可将图形中保存的命名页面设置作为当前页面设置，也可以创建一个新的命名页面设置。

7.2.10　打印预览

打印设置完成后，单击【预览】按钮，将显示图打印的预览图。如果想直接进行打印，可以单击【打印】按钮🖨️，打印图像；如果设置的打印效果不理想，可以单击【预览】按钮❌，返回到【打印】对话框中进行修改，再进行打印。

7.2.11　一张图纸上打印多个图形

通常在一张图纸上需要打印多个图形，以便节省图纸。具体的操作步骤如下：

选择【文件】→【新建】菜单命令，创建新的图形文件。

选择【插入】→【块】，弹出【插入】对话框，单击【浏览】，弹出【选择图形文件】对话框，从中选择要插入的图形文件，单击【打开】按钮，此时在【插入】对话框的【名称】文本框内将显示所选文件的名称，单击【确定】按钮，将图形插入到指定的位置。

注意：如果插入文件的文字样式与当前图形中的文字样式名称相同，则插入的图形文件中的文字将使用当前图形文件中的文字样式。

使用相同的方法插入其他需要的图形，使用【缩放】工具将图形进行缩放，起缩放的比例与打印比例相同，适当组成一张图纸幅图。

选择【文件】→【打印】菜单命令，弹出【打印】对话框，设置为 1∶1 的比例图形即可。

7.3　输出为其他格式文件

在 AutoCAD 中，使用【输出】命令可以将绘制的图形输出为 BMP、3DS 等格式的文件，并可在其他应用程序中进行使用。

有以下几种启用【输出】命令的方法：

【下拉菜单】→【文件】→【输出】；输入命令：EXPORT （EXP）。

启用【输出】命令，弹出【输出数据】对话框，指定文件的名称和保存路径，并在【文件类型】选项的下拉列表中选择相应的输出格式，然后单击【保存】按钮，将图形输出为所选格式的文件。

在 AutoCAD 中，可以将图形输出为以下几种格式的文件：

图元文件：此格式以"wmf"为扩展名，将图形输出为图元文件，以供不同的 Windows 软件调用，图形在其他的软件中图元的特性不变。

ACIS：此格式以"sat"为扩展名，将图像输出为实体对象文件。

平版印刷：此格式以"sd"为扩展名，输出图形为实体对象立体画文件。

封装 PS：此格式以"eps"为扩展名，输出为 PostScrip 文件。

DXX 提取：此格式以"dxx"为扩展名，输出为属性抽取文件。

位图：此格式以"bmp"为扩展名，输出为与设备无关的位图文件，可供图像处理软件调用。

3D Studio：此格式以"3ds"为扩展名，输出为 3D Studio（MAX）软件可接受的格式文件。

块：此格式以"dwg"为扩展名，输出为图形块文件，可提供不同版本 CAD 软件调用。

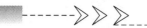

本章 小结

本章主要介绍了打印图形的操作过程、页面大小设置、打印范围和输出比例以及输出为其他格式文件的方法等内容。通过本章的学习，读者对图形输出的设置应有一个比较清楚的认识，并能够将所绘制的图形按照要求输出到图纸上。

习题 与 实训

1. 选择题

（1）图形以 1∶1 的比例绘制，而打印时打印比例设置为【按图纸空间缩放】，输出图形时将（　　　）。

A. 以 1∶1 的比例输出　　　　　　B. 缩放以合适指定的图纸

C. 以样板比例输出　　　　　　　　D. 以上都不是

（2）为什么画出的虚线打印后变成直线？（　　　）

A. 打印设备无法提供　　　　　　　B. 您没有正确地设置线型比例命令

C. 图面线型没有配合　　　　　　　D. 以上皆是

（3）AutoCAD2010 允许在以下哪种模式下打印图形？（　　　）

A. 模型空间　　　B. 图纸空间　　　C. 布局　　　　D. 以上都是

（4）图纸的尺寸由图形的长度和图形的宽度确定。（　　　）

A. 对　　　　　　　　　　　　　　B. 错误

（5）在打开一张新图时，AutoCAD 2010 创建的默认布局数是（　　　）。

A. 0　　　　　　　B.1　　　　　　　C.2　　　　　　　D. 无限制

2. 思考题

（1）打印图形前，如何插入图框和标题栏？插入后不合适的适应如何调整？

（2）打印图形的范围如何选择？如何控制图形在图纸上的位置？

（3）图形打印比例如何调整？

3. 作图题

本章主要介绍了图形的输出方法，为了使读者可以更加熟练地掌握前面所讲内容，请根据下面提示进行上机操作。

（1）请根据图 7-1 中的标注进行绘制。

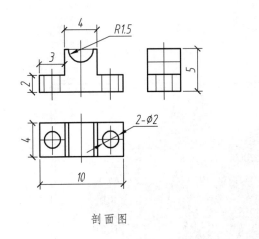

剖面图   立体图

图 7-1   图例

（2）选择【插入】|【布局】|【来自样板的布局】命令，在弹出的【从文件选择样板】对话框中选择一种布局类型，并单击【打开】按钮，这时将弹出【插入布局】对话框，在该对话框中单击刚才选择的布局并单击【确定】按钮，如图 7-2 所示。

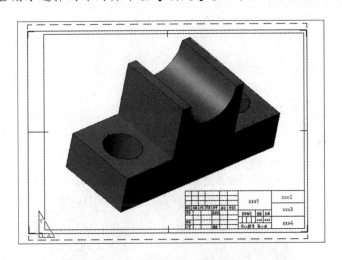

图 7-2   设置布局

（3）选择【文件】|【页面设置管理器】命令，在弹出的【页面设置管理器】对话框中单击【新建】按钮，设置新页面的名称为"我的页面设置"，并单击【确定】按钮。

（4）弹出【页面设置】对话框后，在【打印机/绘图仪】下拉列表框中选择打印机的类型，并在【图纸尺寸】下拉列表框中选择合适的纸张类型，本例中使用的打印机类型是 PublishToWeb PNG.pc3，图纸尺寸为 1 600×1 280 像素。

（5）在【打印范围】下拉列表中选择【窗口】选项，这时将返回到绘图区，选择整个布局，当选择完成后将自动返回页面设置对话框，这时就可以单击【预览】按钮来察看一下当前的设置，如图 7-3 所示。

（6）在图 7.3 中可以看到当前的图形有些偏左，这时可以根据所设置图纸的尺寸来设置打印偏移量从而调整图形的位置。在本例中设置 x 轴的偏移量为 25，y 轴的偏移量为

70，调整后图形的位置如图 7-4 所示。

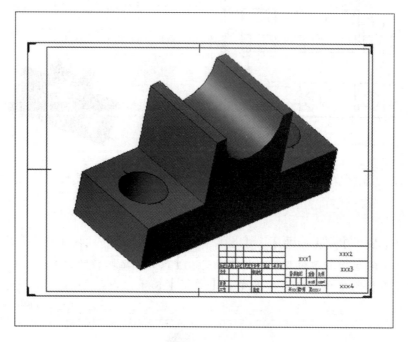

图 7-3 预览效果

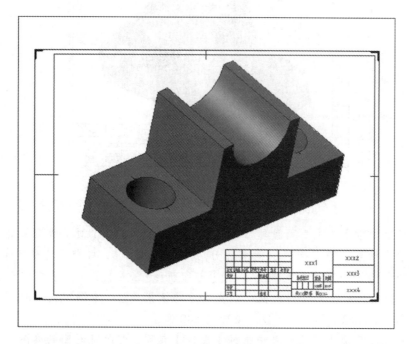

图 7-4 设置打印偏移后

（7）当设置完成上述选项后，单击【确定】按钮即可。接着单击【修改】→【对象】→【属性】→【单个】命令，并单击右下角的标题块，在弹出的【增强属性编辑器】对话框中设置该零件的名称、设计单位、型号等值后单击【确定】按钮，如图 7-5 所示。

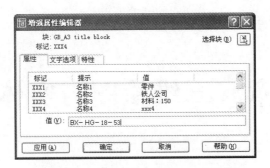

图 7-5 【增强属性编辑器】对话框

（8）选择【文件】|【打印】命令，即可实现打印。

第 8 章　三维绘图与实体造型

- 掌握三维模型建模基本概念。
- 掌握三维模型创建的常用方法。

- 掌握三维模型建立的基本方法。
- 在绘图过程中能灵活运用各种建模方法。

利用三维建模，可以在工程未完工之前，创建出建筑的三维模型，可以帮助设计人员修改设计，也可以帮助现场施工人员熟悉图纸等，故在建筑工程中的使用越来越广泛。

8.1　三维建模基础

1. 三维几何模型

根据构造方式以及在计算机内存储方式的不同，几何模型可分为线框模型、表面模型和实体模型。

（1）线框模型。

线框模型是轮廓模型，用线条表达三维实体。该模型不包括面及体的信息，不能进行消隐和着色。线框模型不包括立体的数据，不能得到对象的质量、重心、体积、惯性矩等物理特征，所以不能进行布尔运算。长方体线框模型如图 8-1 所示。

（2）表面模型。

表面模型是用面围成立体。表面模型具有面及三维实体边界的信息，表面不透明，可以进行渲染及消隐，但不能进行布尔运算。长方体表面模型如图 8-2 所示。

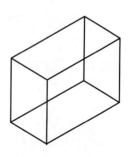

图 8-1　线框模型

（3）实体模型。

实体模型包含线、面、体的全部信息，如图 8-3 所示。实体模型不仅有较强的立体感，而且信息完整，故广泛运用于建筑、机械等领域。

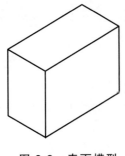
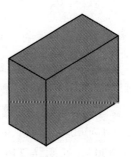

图 8-2　表面模型　　　　　图 8-3　实体模型

2. 三维视图的显示

在三维图形的绘制过程中，经常需要进行方位变换，因此需要对视图的显示方法进行设置，如图 8-4 所示。

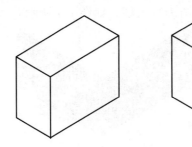

图 8-4　观察位置变换

AutoCAD 提供了 10 个标准视点来观察模型，其中包括 6 个基本视图和 4 个等轴测视图，分别为主视图、俯视图、左视图、背视图、仰视图、右视图以及西南等轴测视图、东南等轴测视图、东北等轴测视图、西北等轴测视图。

在 CAD 工具栏上单击鼠标右键，在弹出的下拉菜单中选择"视图"命令，弹出"视图"工具栏，如图 8-5 所示。也可以通过选择视图-三维视图命令下的子命令来选择所要的显示方式。

图 8-5　视图工具栏

8.2　三维实体的绘制

三维实体绘制过程中，为了提高效率，可以使用"建模"工具栏。在工具栏上单击鼠

标右键，在弹出的下拉菜单中选择"建模"命令，弹出"建模"工具栏，如图8-6所示。

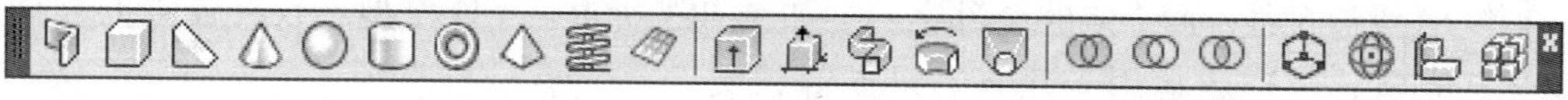

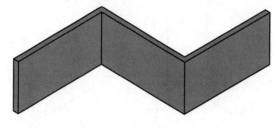

图 8-6　建模工具栏

1. 绘制多段体

选择建模工具栏中的"多段体"命令：

Polysolid 高度 = 10.0000，宽度 = 4.0000，对正 = 居中

指定起点或 [对象（O）/高度（H）/宽度（W）/对正（J）] <对象>：w

指定宽度 <4.0000>：240（多段体的宽度）

高度 = 10.0000，宽度 = 240.0000，对正 = 居中

指定起点或 [对象（O）/高度（H）/宽度（W）/对正（J）] <对象>：H

指定高度 <10.0000>：3000（多段体的高度）

高度 = 3000.0000，宽度 = 240.0000，对正 = 居中

指定起点或 [对象（O）/高度（H）/宽度（W）/对正（J）] <对象>：根据实际图形绘制多段体

图形绘制完成后，选择合适的视图进行观察，如图8-7所示。

图 8-7　多段体

2. 绘制长方体

选择建模工具栏中的"长方体"命令：

指定第一个角点或 [中心（C）]：在绘图区域指定任意点或已知点

指定其他角点或 [立方体（C）/长度（L）]：@600，400，300（也可以利用鼠标捕捉已知点进行绘制）

绘制的图形如图8-8所示。

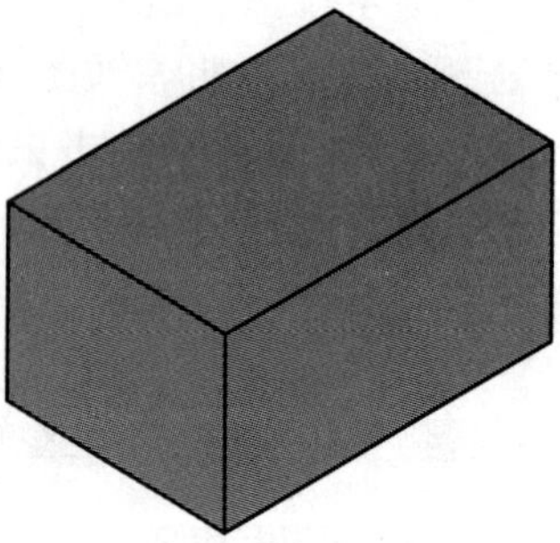

3. 绘制楔子体

图 8-8　长方体

选择建模工具栏中的"楔子体"命令：

指定第一个角点或 [中心（C）]：在绘图区域指定任意点或已知点

指定其他角点或 [立方体（C）/长度（L）]：@600，400，300（也可以利用鼠标捕捉已知点进行绘制）

绘制的图形如图 8-9 所示。

4. 绘制圆锥体

选择建模工具栏中的"圆锥体"命令：

指定底面的中心点或 [三点（3P）/两点（2P）/切点、切点、半径（T）/椭圆（E）]：在绘图区域指定任意点或已知点作为圆锥底面中心点，也可以通过三点、两点等进行底面圆绘制

指定底面半径或 [直径（D）]：200

指定高度或 [两点（2P）/轴端点（A）/顶面半径（T）] <300.0000>：600

绘制的图形如图 8-10 所示。

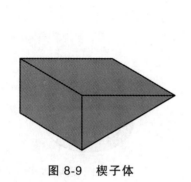

图 8-9 楔子体   图 8-10 圆锥体

5. 绘制球体

选择建模工具栏中的"球体"命令：

指定中心点或 [三点（3P）/两点（2P）/切点、切点、半径（T）]：在绘图区域指定任意点或已知点作为球体的中心点，也可以通过三点、两点等进行球体圆截面的绘制

指定半径或 [直径（D）] <200.0000>：200

绘制的图形如图 8-11 所示。

6. 绘制圆柱体

选择建模工具栏中的"圆柱体"命令：

指定底面的中心点或 [三点（3P）/两点（2P）/切点、切点、半径（T）/椭圆（E）]：在绘图区域指定任意点或已知点作为圆柱底面中心点，也可以通过三点、两点等进行底面圆绘制

图 8-11 球体

指定底面半径或 [直径（D）] <200.0000>：200

指定高度或 [两点（2P）/轴端点（A）] <600.0000>：800

绘制的图形如图 8-12 所示。

7. 绘制圆环体

选择建模工具栏中的"圆环体"命令：

指定中心点或 [三点（3P）/两点（2P）/切点、切点、半径（T）]：在绘图区域指定任意点或已知点作为圆环体中心点，也可以通过三点、两点等进行圆环体绘制

指定半径或 [直径（D）] <100.0000>：300

指定圆管半径或 [两点（2P）/直径（D）] <10.0000>：40

绘制的图形如图 8-13 所示。

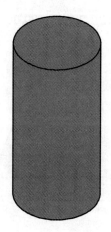

图 8-12　圆柱体　　　　　　　图 8-13　圆环体

8. 绘制棱锥体

选择建模工具栏中的"棱锥体"命令：

4 个侧面　外切

指定底面的中心点或 [边（E）/侧面（S）]：S

输入侧面数 <4>：5

指定底面的中心点或 [边（E）/侧面（S）]：在绘图区域指定任意点或已知点作为底面中心点

指定底面半径或 [内接（I）] <300.0000>：300

指定高度或 [两点（2P）/轴端点（A）/顶面半径（T）]：600

绘制的图形如图 8-14 所示。

9. 绘制螺旋

选择建模工具栏中的"螺旋"命令：

圈数=3.0000　　　扭曲=CW

指定底面的中心点：

指定底面半径或 [直径（D）] <100.0000>：400

指定顶面半径或 [直径（D）] <300.0000>：400

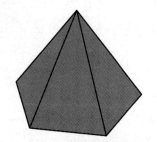

图 8-14　棱锥体

指定螺旋高度或 [轴端点（A）/圈数（T）/圈高（H）/扭曲（W）] <600.0000>：T

输入圈数 <3.0000>：5

指定螺旋高度或 [轴端点（A）/圈数（T）/圈高（H）/扭曲（W）] <600.0000>：800

绘制的图形如图 8-15 所示。

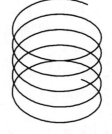

图 8-15 螺旋线图

10. 拉伸命令

利用拉伸命令可以创建各构件的三维模型，还可以沿指定路径拉伸对象或按指定的高度值和倾斜角度拉伸对象。

（1）指定高度。

选择拉伸命令：

当前线框密度：ISOLINES=4

选择要拉伸的对象：选择圆底面

选择要拉伸的对象：

指定拉伸的高度或 [方向（D）/路径（P）/倾斜角（T）] <100.0000>：7000（也可以通过鼠标拉伸至某一点处）

如图 8-16 所示。

（2）指定路径。

选择拉伸命令：

当前线框密度：ISOLINES=4

选择要拉伸的对象：选择圆截面

选择要拉伸的对象：

指定拉伸的高度或 [方向（D）/路径（P）/倾斜角（T）] <7000.0000>：P

选择拉伸路径或 [倾斜角（T）]：选择拉伸路径

如图 8-17 所示。

图 8-16 指定高度拉伸

图 8-17 指定路径拉伸

11. 旋转命令

使对象轮廓轨迹绕旋转轴旋转，从而生成三维模型。

选择旋转命令：

当前线框密度：ISOLINES=4

选择要旋转的对象：选择旋转轴右侧图线

选择要旋转的对象：

指定轴起点或根据以下选项之一定义轴 [对象
（O）/X/Y/Z] <对象>：在旋转轴上选取一点

指定轴端点：在旋转轴上选取另外一点

指定旋转角度或 [起点角度（ST）] <360>：360，
按 Enter 键

旋转生成图形如图 8-18 所示。

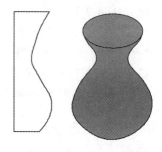

图 8-18　旋转命令

12. 扫掠命令

通过沿开放或闭合的二维或三维路径扫掠平面曲线来创建新的实体或曲面。扫掠与拉伸命令不同，沿路径扫掠轮廓时，轮廓将被移动并于路径垂直对齐，然后沿路径扫掠该轮廓。

选择扫掠命令：

当前线框密度：ISOLINES=4

选择要扫掠的对象：选择扫掠圆截面

选择要扫掠的对象：

选择扫掠路径或 [对齐（A）/基点（B）/比例（S）/扭曲（T）]：选择扫掠路径

如图 8-19 所示。

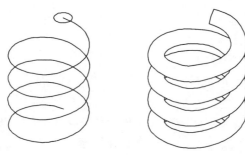

图 8-19　扫掠命令

13. 放样命令

通过对横截面曲线进行放样来创建三维实体或曲线。横截面定义了实体或曲面的形状，横截面可以是开放的，也可以是闭合的。使用放样命令时，至少要指定两个横截面，对一组闭合的横截面曲线进行放样，则生成实体。

选择放样命令：

按放样次序选择横截面：依次选择第一个横截面

按放样次序选择横截面：依次选择第二个横截面

按放样次序选择横截面：依次选择第三个横截面，按 Enter 键

按放样次序选择横截面：

输入选项[导向（G）/路径（P）/仅横截面（C）] <仅横截面>：P

选择路径曲线：选择曲线路径

如图 8-20 所示。

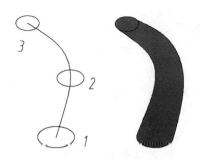

图 8-20　放样命令

8.3　三维实体的编辑

三维实体可以进行旋转、镜像、阵列、倒角、对齐、倒圆角、并集、差集、交集、剖切、压印、分割、抽壳、清除等编辑操作。

实体的边和面也可以进行编辑。在工具栏上单击鼠标右键，在弹出的下拉菜单中选择"实体编辑"命令，弹出"实体编辑"工具栏，工具栏对应的命令分别为并集、差集、交集、拉伸面、移动面、偏移面、删除面、旋转面、倾斜面、复制面、着色面、复制边、着色边、压印、清除、分割、抽壳、检查，如图 8-21 所示。

图 8-21　建模工具栏

1. 运用布尔运算创建复杂实体模型

通过布尔运算可以进行多个三维实体的交集、并集、差集运算操作，从而创建出较为复杂的三维模型（特别是对于一些采用叠加法、切割法形成的三维实体），如图 8-22 所示。

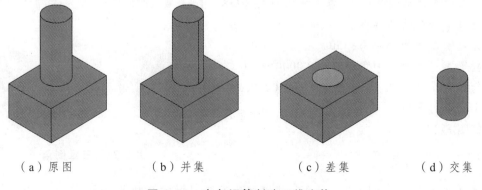

（a）原图　　　　　（b）并集　　　　　（c）差集　　　　　（d）交集

图 8-22　布尔运算创建三维实体

2. 剖切实体

选择"修改"→"三维操作"→"剖切"命令：

选择要剖切的对象：指定对角点：选择要剖切的对象，按 Enter 键

选择要剖切的对象：

指定 切面 的起点或 [平面对象（O）/曲面（S）/Z 轴（Z）/视图（V）/XY（XY）/YZ（YZ）/ZX（ZX）/三点（3）] <三点>：3

指定平面上的第一个点：选择剖切平面上的第一个点

指定平面上的第二个点：选择剖切平面上的第二个点

指定平面上的第三个点：选择剖切平面上的第三个点

在所需的侧面上指定点或 [保留两个侧面（B）] <保留两个侧面>：选择需要保留一侧上的任意点

如图 8-23 所示。

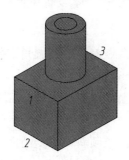
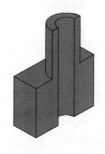

图 8-23 剖切实体

3. 三维倒角

选择"修改"→"倒角"命令（或选择修改工具栏中的倒角命令 ）：

（"修剪"模式）当前倒角距离 1 = 0.0000，距离 2 = 0.0000

选择第一条直线或[放弃（U）/多段线（P）/距离（D）/角度（A）/修剪（T）/方式（E）/多个（M）]：选择需要倒角的直线

基面选择…

输入曲面选择选项[下一个（N）/当前（OK）] <当前（OK）>：指定倒角线所在面，可以通过下一个选择其他面

指定基面的倒角距离：50

指定其他曲面的倒角距离<50.0000>：50

选择边或 [环（L）]：选择边或 [环（L）]：选择要倒角的线条

如图 8-24 所示。

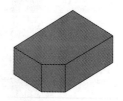

图 8-24 三维倒角

4. 三维倒圆角

选择"修改"→"圆角"命令（或选择修改工具栏中的圆角命令 ）：

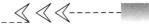

当前设置：模式=修剪，半径=0.0000

选择第一个对象或[放弃（U）/多段线（P）/半径（R）/修剪（T）/多个（M）]：选择要倒圆角的边

输入圆角半径：60

选择边或[链（C）/半径（R）]：选择要倒圆角的边，按 Enter 键

已拾取到边。

选择边或[链（C）/半径（R）]：

已选定 1 个边用于圆角。

如图 8-25 所示。

图 8-25　三维倒圆角

5. 三维阵列

选择"修改"→"三维操作"→"三维阵列"命令：

选择对象：指定对角点：选择要阵列的对象

选择对象：

输入阵列类型 [矩形（R）/环形（P）]<矩形>：P

输入阵列中的项目数目：4

指定要填充的角度（+=逆时针，-=顺时针）<360>：

旋转阵列对象？[是（Y）/否（N）]<Y>：Y

指定阵列的中心点：选择阵列旋转轴第一点

指定旋转轴上的第二点：选择阵列旋转轴第二点

如图 8-26 所示。

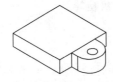 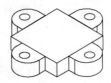

图 8-26　三维阵列（环形）

6. 三维镜像

选择"修改"→"三维操作"→"三维镜像"命令：

选择对象：指定对角点：选择要镜像的对象

选择对象：

指定镜像平面（三点）的第一个点或[对象（O）/最近的（L）/Z轴（Z）/视图（V）

/XY 平面（XY）/YZ 平面（YZ）/ZX 平面（ZX）/三点（3）]<三点>：选择镜像平面上的第一个点

在镜像平面上指定第二点：选择镜像平面上的第二个点

在镜像平面上指定第三点：选择镜像平面上的第三个点

是否删除源对象？[是（Y）/否（N）]<否>：N

命令：指定对角点：

如图 8-27 所示。

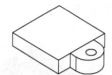
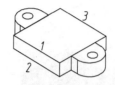

图 8-27　三维镜像

7. 三维旋转

选择"修改"→"三维操作"→"三维旋转"命令：

UCS 当前的正角方向：ANGDIR=逆时针　　ANGBASE=0

选择对象：指定对角点：选择要旋转的对象

选择对象：

指定基点：指定旋转轴所在点

拾取旋转轴：指定旋转轴

指定角的起点或键入角度：-90

如图 8-28 所示。

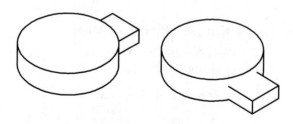

图 8-28　三维旋转

8. 三维移动

三维移动命令可以在三维空间中将对象沿指定方向移动指定距离,其操作方法与二维移动命令类似，不同的是可以在三个方向上移动，如图 8-29 所示。

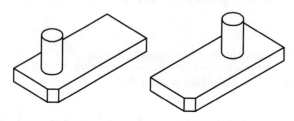

图 8-29　三维移动

9. 抽壳

抽壳命令常用于绘制壁厚相等的壳体，选择"修改"→"实体编辑"→"抽壳"命令，进行抽壳操作，如图 8-30 所示。

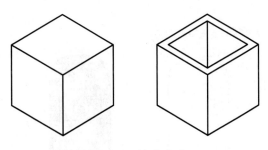

图 8-30　抽壳命令

8.4　三维模型的后期处理

创建三维实体后，默认以线框的显示方式，为获得更为形象的实体模型，需要进行视觉样式设置或赋予材质并渲染。改变视觉样式后，当前视图中的所有表面模型与实体模型的视觉样式都会改变。

在工具栏上单击鼠标右键，在弹出的下拉菜单中勾选"视觉样式"与"渲染"命令，在绘图窗口中弹出"视觉样式"和"渲染"工具栏，如图 8-31 和图 8-32 所示。

图 8-31　视觉样式工具栏

图 8-32　渲染工具栏

1. 视觉样式

（1）二维线框。

用来显示使用直线和曲线表示边界的对象。切换到等轴测视图后，默认为该模式，二维线框模式下线型和线宽等特性都可见。

（2）三维线框视觉样式。

绘图窗口中显示一个已着色的三维 UCS 坐标系图标，但不会显示线型特征。

（3）三维隐藏视觉样式。

显示用三维线框表示的对象,并隐藏模型内部及背面等从当前视点无法直接看到的线条。

（4）真实视觉样式。

着色多边形平面间的对象，并使对象的边平滑。

（5）概念视觉样式。

着色多边形平面间的对象，并使对象的边平滑。着色时会产生冷色和暖色之间的过渡，容易看清模型的细节。

图形各种视觉样式显示如图 8-33 所示。

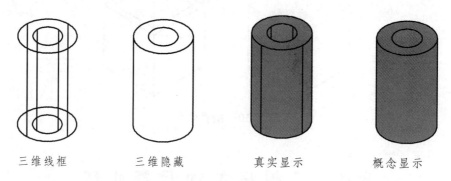

| 三维线框 | 三维隐藏 | 真实显示 | 概念显示 |

图 8-33　视觉样式

2. 渲　染

三维图形渲染是指在图形中设置光源、背景、场景，并为三维图形表面附着材质，使其产生逼真的效果。渲染通常用于创建产品的三维效果图，如图 8-34 所示。

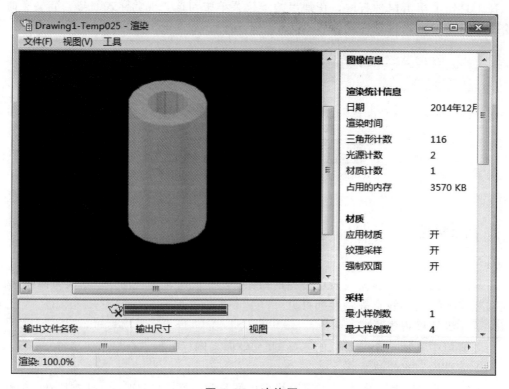

图 8-34　渲染图

本章小结

　　本章介绍了三维模型的基本概念、三维模型的基本绘制和编辑方法以及三维模型的后期处理。利用三维建模，可以在工程未完工之前，创建出建筑的三维模型，可以帮助设计人员修改设计，也可以帮助现场施工人员熟悉图纸等，在建筑工程中的使用越来越广泛。

习题与实训

1. 量取书桌尺寸，创建书桌三维模型。
2. 量取水杯尺寸，创建水杯三维模型。

参考文献

[1] 胡仁喜. AutoCAD 2012 与天正 TArch 8.5 建筑设计从入门到精通[M]. 北京：人民邮电出版社，2011.

[2] 郭慧. AutoCAD 建筑制图教程[M]. 2 版. 北京：北京大学出版社，2013.

[3] 张小平. 建筑识图与房屋构造[M]. 2 版. 武汉：武汉理工大学出版社，2013.

[4] 高恒聚，马巧娥. AutoCAD 建筑制图实用教程[M]. 北京：北京邮电大学出版社，2013.

[5] CAD/CAM/CAE 技术联盟. AutoCAD 2012 中文版从入门到精通[M]. 北京：清华大学出版社，2012.

[6] 邓美荣. 建筑 CAD2008 中文版[M]. 北京：机械工业出版社，2010.

附录 AutoCAD 快捷键命令

符号键（CTRL 开头）

CTRL+1 PROPCLOSEOROPEN 对象特性管理器

CTRL+2 或 4 ADCENTER 设计中心

CTRL+3 CTOOLPALETTES 工具选项板

CTRL+8 或 QC QuickCalc 快速计算器

控制键

CTRL+A AI_SELALL 全部选择

CTRL+C 或 CO/CP COPYCLIP 或 COpy 复制

CTRL+D 或 F6 COORDINATE 坐标

CTRL+E 或 F5 ISOPLANE 选择不同的等轴测平面

CTRL+H 或 SET SETvar 系统变量

CTRL+K hyperlink 超级链接

CTRL+N 或 New 新建

CTRL+O OPEN 打开

CTRL+P PRINT 打印

CTRL+Q 或 ALT+F4 Quit 或 EXIT 退出

CTRL+S 或 SA QSAVE 或 SAve 保存

CTRL+T 或 F4/TA TAblet 数字化仪初始化

CTRL+V PASTECLIP 粘贴

CTRL+X CUTCLIP 剪切

CTRL+Y REDO 重做

CTRL+Z U 放弃

组合键

CTRL+SHIFT+A 或 G Group 切换组

CTRL+SHIFT+C copybase 使用基点将对象复制到

CTRL+SHIFT+S saveas 另存为

CTRL+SHIFT+V pasteblock 将复制的内容粘贴为块

功能键

F1 HELP 帮助

F2 PMTHIST 文本窗口

F3 或 CTRL+F OSNAP 对象捕捉

F4 控制数字化仪的使用

F5 或 ISOPLANE 切换当前的等轴测平面

F6 控制是否激活动态 UCS 获取

F7 或 GrId 栅格

F8 ORTHO 正交

F9 SNAP 捕捉

F10 Zwsnap 极轴

F11 TRACKING 对象捕捉追踪

F12 CMDBAR 命令条

首字母

A Arc 圆弧

B Block 创建块

C Circle 圆

D Ddim 标注样式管理器

E Erase 删除

F Fillet 圆角

L Line 直线

M Move 移动

O Offset 偏移

P Pan 实时平移

R Redraw　更新显示

S Stretch　拉伸

W Wblock　写块

Z Zoom　缩放

前两个字母

AL ALign　对齐

AP APpload　加载应用程序

AR ARray　阵列

BO 或 BPOLY BOundary　边界创建

BR BReak　打断

CH CHange　修改属性

DI DIst　距离

DO DOnut　圆环

DV DView　命名视图

DX DXfout　输入 DXF 文件

EL ELlipse　椭圆

EX EXtend　延伸

FI FIlter　图形搜索定位

HI HIde　消隐

ID IDpoint　三维坐标值

IM IMage　图像管理器

IN INtersect　交集

LA LAyer　图层特性管理器

LI 或 LS LIst　列表显示

LW LWeight　线宽

MA MAtchprop　特性匹配

ME MEasure　定距等分

MI MIrror　镜像

ML MLine　多线

MS MSpace　将图纸空间切换到模型空间

MT 或 T Mtext 或 mText　多行文字

MV MView　控制图纸空间的视口的创建与显示

OR ORtho　正交模式

OS OSnap　对象捕捉设置

OP OPtions　选项

OO OOps　取回由删除命令所删除的对象

PA PAstespec　选择性粘贴

PE PEdit　编辑多段线

PL PLine　多段线

PO POint　单点或多点

PS PSpace　切换模型空间视口到图纸空间

PU PUrge　清理

QT QText　快速文字功能的打开或关闭

RE REgen　重生成

RO ROtate　旋转

SC SCale　比例缩放

SL SLice　实体剖切

SN SNap　限制光标间距移动

SO SOlid　二维填充

SP SPell　检查拼写

ST STyle　文字样式

SU SUbtract　差集

TH THickness　设置三维厚度

TI TIlemode　控制最后一个布局（图纸）空间和模型空间的切换

TO TOolbar　工具栏

TR TRim　修剪

UC UCsman　命名 UCS

VS Vsnapshot 或 Vslide　观看快照

WE WEdge　楔体

XL XLine　构造线

XR XRef　外部参照管理器

前三个字母

CHA CHAmfer　倒角

DIM DIMension　访问标注模式

DIV DIVide　定数等分

EXP EXPort　输出数据

EXT EXTrude　面拉伸

IMP IMPort　输入

LEN LENgthen　拉长

LTS LTScale　线型的比例系数

POL POLygon　正多边形

REN REName　重命名

PRE PREview　打印预览
REC RECtangle　矩形
REG REGion　面域
REV REVolve　实体旋转
RPR RPRef　高级渲染设置
SCR SCRipt　运行脚本
SEC SECtion　实体截面
SHA SHAde　着色
SPL SPLine　样条曲线
TOL TOLerance　公差
TOR TORus　圆环体
UNI UNIon　并集

两个字母（间隔）

TM TiMe　时间
RA RedrawAll　重画
RR RendeR　渲染
TO TbcOnfig　自定义工具栏
LT LineType　线型管理器
HE HatchEdit　编辑填充图案
IO InsertObj　插入对象

三个字母（间隔）

DST DimSTyle　标注样式
DAL DimALigned　对齐标注
DAN DimANgular　角度标注
DBA DimBAseline　基线标注
DCE DimCEnter　圆心标记
DCO DimCOntinue　连续标注
DDI DimDIameter　直径标注
DED DimEDit　编辑标注

DLI DimLInear　线性标注
DOR DimORdinate　坐标标注
DOV DimOVerride　标注替换
DRA DimRAdius　半径标注
DJL DimJogLine　折弯线性
IAD ImageADjust　图像调整
IAT ImageATtach　附着图像
ICL ImageCLip　图像剪裁

无规律的个别

X eXplode　分解
H 或 BH bHatch　图案填充
I ddInsert 或 INSERT　插入块
LE qLEader　快速引线
AA AreA　面积
3A 3dArray　三维阵列
3F 3dFace　三维面
3P 3dPoly　三维多段线
VP ddVPoint　视图预置
UC ddUCs　命名 UCS 及设置
UN ddUNits　单位
ED ddEDit　编辑
ATE ddATtE 或 ATTEDIT　单个编辑属性
ATT ddATTdef　属性定义
COL setCOLor　选择颜色
INF INterFere　干涉
REA REgenAll　全部重生成
SPE SPlinEdit　编辑样条曲线
LEAD LEADer　引线
DIMTED DIMTEDit　编辑标注文字
CLIP xCLIP　外部参照剪裁
RMAT MATERIALS　材质